建造一个
可持续的家园

建造一个
可持续的家园

BUILDING A SUSTAINABLE HOME

为了健康、财富和心灵，绿色住宅设计装修的实用选择
Practical Green Design Choices for Your Health, Wealth, and Soul

[美] 梅利莎·拉帕波特·希夫曼（Melissa Rappaport Schifman） 著

王金谱 译

中国建筑工业出版社

著作权合同登记图字：01-2021-3426号

图书在版编目（CIP）数据

建造一个可持续的家园：为了健康、财富和心灵，
绿色住宅设计装修的实用选择／（美）梅利莎·拉帕波特·
希夫曼著；王金谱译. —北京：中国建筑工业出版社，
2022.5

书名原文：Building a Sustainable Home:
Practical Green Design Choices for Your Health,
Wealth, and Soul

ISBN 978-7-112-27053-8

Ⅰ.①建… Ⅱ.①梅… ②王… Ⅲ.①住宅—建筑设
计 Ⅳ.①TU241

中国版本图书馆CIP数据核字（2021）第270059号

BUILDING A SUSTAINABLE HOME
Practical Green Design Choices for Your Health, Wealth, and Soul
Melissa Rappaport Schifman
ISBN 9781510733442
Copyright © 2018 by Melissa Rappaport Schifman
Foreword copyright © 2018 by Thomas Fisher, Assoc. AIA
Published by Skyhorse Publishing

Chinese translation © 2021 China Architecture Publishing & Media Co., Ltd

责任编辑：戚琳琳　孙书妍
书籍设计：锋尚设计
责任校对：张　颖

建造一个可持续的家园
BUILDING A SUSTAINABLE HOME

为了健康、财富和心灵，绿色住宅设计装修的实用选择
Practical Green Design Choices for Your Health, Wealth, and Soul

［美］梅利莎·拉帕波特·希夫曼（Melissa Rappaport Schifman）　　著
王金谱　译

*
中国建筑工业出版社出版、发行（北京海淀三里河路9号）
各地新华书店、建筑书店经销
北京锋尚制版有限公司制版
临西县阅读时光印刷有限公司印刷
*
开本：787毫米×1092毫米　1/16　印张：13　字数：245千字
2022年4月第一版　　2022年4月第一次印刷
定价：**145.00**元
ISBN 978-7-112-27053-8
（38852）

版权所有　翻印必究
如有印装质量问题，可寄本社图书出版中心退换
（邮政编码100037）

序言

长久以来，出版界一直缺少有见地的业主发声。从专家角度来看，市面上存有大量关于可持续住宅建造和设计的著作：一些人以从事这项工作为生，教授和写作有关内容。而且，这些著作经常会迷失在连篇累牍的技术术语中，把普通读者抛到脑后，或者陷入对性能指标干巴巴的评估中，除了最有兴致的发烧友之外，其他人都会昏昏欲睡。

梅利莎·拉帕波特·希夫曼（Melissa Rappaport Schifman）在本书中避免了这两个陷阱。她以散文形式撰写文章，风格清晰简洁，既吸引了读者的兴趣，又传达了文字内容，即使是那些没有可持续发展经验的人也能理解。她的观点还表明，业主应该如何与设计师和建筑商一样承担决策责任，需要知道何时去支持设计理念或技术解决方案，何时对它说不。

业主与设计师或建筑商之间的妥协不同于我们通常消费产品和服务的方式。购买商品时，我们通常会从设计师和生产商已经成形的产品目录中进行选择，可能从未见过产品的设计师和生产商，并且他们也很少有机会根据顾客的个人需求定制产品。建造或翻新房屋则不是这种模式。房屋的建造涉及业主与设计师或建筑商之间的互动，该互动总是为特定的地点和项目提供量身定制的解决方案。因此，业主了解得越多，结果就会越好。

正因为如此，本书对于希望以更健康、浪费更少，以及像希夫曼所说的那样，希望让心灵更充实的业主意义重大。谁不想要这样的生活？然而，尽管发达国家在清洁自然环境方面已经取得了诸多进展，我们仍然面临着不健康的因素，从饮用水中的污染物到建筑物内部的污染物，从低效的电器到漏风的窗户，这些是系统性浪费；还有从假冒材料到徒有其表的外墙这些令人不快的周围环境。

本书是这种过度行为极好的解毒剂。在一系列标有"费用和意义"的表格中，希夫曼列出了多个领域中的可持续发展战略，并总结了成本影响，以及是否有必要对其进行投资。这些表中的文本具有令人耳目一新的直观性，**加粗文字**让读者清楚地知道，某些事情没有必要做或投资回报周期太长，而其他想法会带来更大的好处，并且有充分的理由让你"一定要做到"！

这些表格使本书不仅对业主，而且对于那些为选择或不选择可持续性寻找理由的设计师、景观设计师和承包商来说都便于参考。这些摘要还可以让读者浏览本书，看看哪些部分需要更深入的阅读，或者在阅读本书时记住其中的重要建议，便于以后回顾。在我们这个高速而又缺少时间的世界里，也许唯有这样的对照表才能达到服务目的。

不过，如果你有时间阅读，本书的内容会让你有所收获。希夫曼文笔流畅，以第一人称带领读者读完全书，而不会让阅读变得枯燥。例如，她有很多的数据来支持自己的主张，且能够很好地解释数据并将其与更多的背景联系起来，从而使对数学感到头痛的人也易于理解。

她也毫无保留地谈论自己的学习过程，曾经认为某些正确的东西后来被证明是毫无根据的，或至少是不明智的。这种勇敢的自我批评使本书与大多数专业人士的著作截然不同，因为大多数专业人士通常不会分享他们不知道的，也不会分享他们以前建议过、现在不再推荐的东西，就好像他们的专业知识一直无懈可击。希夫曼的坦率给人一种耳目一新的风格。她通过自己的发现引导读者得出依据自己背景的有意义的结论，并承认在其他气候或其他限制条件下，业主可能会做出不同的决定。

最后，读者不仅可以从本书中获得更多的知识，也会获得更多的启发，从而深入了解本书所提供的更多信息。最好的书是以尊重的方式对待读者，并邀请他们加入对话。对于读者来说这可不只是幻想，本书就做到了这一点。希夫曼让我坚信，只有突破象征着权威专家撰写的书籍中技术上的繁文缛节，并以一种通俗易懂的方式传达这一重要内容，才能真正为我们自己及子孙后代实现应有的可持续发展的未来。人们因此可以理解书中的理念，并将其适用于大多数人在一定程度上可以控制的环境：自己的家园。

托马斯·费舍尔（Thomas Fisher）

托马斯·费舍尔现任明尼苏达大学建筑学院教授、明尼苏达州设计中心主任。他毕业于康奈尔大学建筑学专业和凯斯西储大学（Case Western Reserve University）思想史专业，曾任《进步建筑》（Progressive Architecture）杂志主编。2005年，他被公认为美国建筑界出版数量排名第五的作家，他撰写了9本书，总计超过50个章节及简评，并在专业期刊和主要出版物上发表了400多篇文章。他曾4次被"智能设计"（Design Intelligence）评为前25名的设计教育家，曾在36所大学和150多个专业和公开会议上发表演讲。费舍尔还撰写了大量有关建筑设计、实践和伦理的文章。
费舍尔撰写了《萨尔梅拉设计师》（Salmela Architect）和《地方的无形元素：大卫·萨尔梅拉的建筑》（The Invisible Element of Place: The Architecture of David Salmela）（明尼苏达大学出版社，2005年和2011年），介绍了大卫·萨尔梅拉的作品。萨尔梅拉是美国最优秀的住宅设计师之一，获得过数十项设计奖项，并在世界各地发表作品。希夫曼的房屋是萨尔梅拉设计过的唯一获得LEED金级认证的房屋。

目录

图片来源：Karen Melvin

导论

2006年，我和丈夫吉姆（Jim）踏上了一场耗费我们将近三年、投入很多精力和金钱的旅途，其程度超出了我们的想象。任何考虑建造或翻新房屋的人都知道业主必须做出的决定的数量，从设计师和建筑商到风格、材料、窗户和家具，都可能会让人头脑麻木。

从一开始，我们就对建造"绿色"或"可持续"房屋非常感兴趣；我很想探索一下LEED住宅认证。LEED（Leadership in Energy and Environmental Design）是"能源与环境设计先锋"的缩写，是美国国家认可的高性能绿色建筑评价体系。LEED让我很感兴趣，我想了解建造一栋经LEED认证房屋的成本和收益（请参阅第2章"关于LEED"）。

为什么我对建造一个绿色家园如此感兴趣？我不是一名建筑设计师，也不是建筑商或室内设计师，我只能说这是天性使然，我母系的德国血统决定了我的生活方式具有一定的效率，浪费这个行为不存在于我的DNA中。我的犹太成长经历教会我参与tikkun olam，这是一个希伯来语短语，意思是"修复世界"。我对大自然和户外的热爱滋养了我的心灵，教我关心地球母亲。因此，绿色生活方式的种子播在了我的基因里和成长过程中。但是，当我成为一名母亲以后，一个新的、专注于为家人打造健康住宅的奉献精神萌发了。

我相信，帮助这个世界变得更美好是我们的道德义务。这是对我们自己和孩子的未来的投资。2004年，我们的第一个孩子降生后，思考我们的健康及购买和消费选择造成的长期影响就变得更加重要。我们的孩子在这个地球上将过什么样的生活？在20年或30年后，他们会问我们为保护我们赖以生存的资源都做了些什么？这似乎不仅是一个负起责任的做法，而且是我和家人唯一的选择。

因此，我们决定建造尽可能健康和具有可持续性的住宅，并符合我们的预算和项目要求。我开始自学可持续性设计，参加研讨会和贸易展览，并订阅有关绿色建筑的杂志和新闻刊物，这是我发现市场上的绿色产品如何真正在一个家庭中发挥作用的机会。

虽然数以百计的书籍和网站所提供的绿色建筑方面的专家建议有时是不可或缺的，但它们并没有使这一过程变得更容易。拿起任何一本关于绿色建筑的书籍，你都会被众多应该选择的绿色方式搞得发呆，图书内容涉及各种各样的话题：购买节能锅炉、增加保温、购买可再生材料。既让人感觉无法抗拒，又令人感觉困惑。

我仔细阅读了大量绿色住宅建筑资料，发现它们都遗漏了一样东西：真相。我在这里想说的是决策过程，优先考虑预算限制。我听说绿色建筑成本比传统建筑成本平均高出2%～5%。但是我真的很想知道：哪些部件的价格更高？其中有什么东西不用花更多的钱，或实际上花费更少？如果一开始需要花更多的钱但最终能年复一年地为我们省钱，这值得吗？如何在这些部件中确定优先级？我开始探寻这些问题的答案。

我们的设计师和建筑商可以提供建议，但他们可以从前期成本更高的绿色产品选择中获得好处，因为要按总建造成本的一定比例给他们支付费用。因此，他们会有意无意地鼓励我们花更多的钱。对我来说，这至少在客观建议方面产生了一种利益冲突。尽管在自己的领域很熟练，但是他们

我的绿色住宅建筑资料

并没有为我做成本效益分析，原因是他们没有受过这方面的训练。我拥有芝加哥大学布斯商学院（University of Chicago Booth School）的MBA学位，并在航空业从事了几年的金融工作，所以我受过的严格培训恰好能做到这一点。因此，我自然会为自己的房屋做成本效益分析。做这一分析的另外一个原因就是，我们是未来几十年支付水电费和维修费的人。

当我们的住宅建设顺利进行时，当地一位正在设计自己住宅的建筑商打电话向我咨询。当我问他为什么需要我的建议时（他的员工中有通过LEED认证的专业人士，在绿色建筑方面受过良好的培训），他回答说："因为你在为绿色建筑付钱，作为业主，你是那个必须做出决策并为各种选择列出优先级的人。我有很多朋友可以给出绿色建议，但你是亲自实践过绿色建筑的人，这才能见真功夫。"

让我们回顾一下："绿色"到底是什么意思？很多公司都赶时髦，声称他们的产品是绿色的，好吧……与什么标准相比呢？如果是与"标准施工方法"相比，那"标准施工方法"具体又是什么呢？是因为使用更少的材料才"绿色"吗？还是味道没有那么难闻，不会让你头痛才叫"绿色"呢？它是由可回收材料制成的，还是本身就是可回收利用的呢？我们又如何知道呢？它是否经过数百个认证机构中的某一个机构认证过？我能相信这个认证吗？本地制造的产品比用快速再生资源制造的更好吗？但对于所有的选择而言，最重要的问题是：它是否实用，以及我们是否喜欢它。

然后是"可持续性"这个大话题。"可持续性"正在迅速成为像"绿色"一样被过度使用的词语，但它比"绿色"的含义更具完整性。联合国对可持续发展的最普遍理解是："满足当前的需求，且不损害后代满足他们自身需求的能力"。大多数人都不知道我们的行为会对可持续性产生什么影响。对于建造房屋而言，可持续发展意味着选择不会污染或损害我们的健康，不会浪费自然资源，经久耐用并降低房屋运营成本的地点、技术和材料。一种技术或材料本身是不可能真正可持续的，它总要与另一种选择进行比较，并在其使用环境中进行理解。

为什么当前的现实状况是不可持续的？对这一问题的探索是其他许多书籍的重点。可以说，尽管工业革命极大地改善了生活水平，但也带来了指数级的世界人口增长——从1950年的25亿美元增长到今天的70亿美元。同时，我们开采、使用资源和处理废物的方式正在逐渐耗尽我们的自然资源，使我们的生态系统退化，而生态系统为我们提供了赖以生存的清洁空气、水和食物。

尽管在美国有一些房屋已经或接近实现真正的可持续性（例如，零能耗、零废物的房屋），但这种房屋很少，建设困难且昂贵。我们并不渴望实现这个BHAG（Big Hairy Audacious Goal[①]，意为宏伟、艰难和大胆的目标），因为坦率地说，建造一个那样的房屋听起来太困难，而且太昂贵、太不现实。但在当时，我们非常渴望获得LEED认证。

我知道我面前还有堆积如山的工作要做，但当我把各种选择按优先顺序进行排列时，就很快意识到，将可持续发展的房屋作为最终目标本身并没有多大帮助。相比之下，我们需要的是一个指导决策过程的框架，我们真正关心的是什么？我们的价值观是什么？只有这样才能制定目标并想出实现这些目标的策略。

因此，作为业主，首先需要决定为什么要去建造绿色住宅。我们给出的理由简单且功利，而且只有三个。我认为这是我们选择绿色方式仅有的三个理由，同时也是建设可持续家园的基石：为了我们的健康、财富和心灵。

为了我们的健康。家庭健康是我们最重要的价值观。我们决定围绕以下三个目标进行，以确保我们的家不会让我们生病：清洁的水、清洁的空气和清洁的房屋。在三年中有了两个孩子之后，我学到了很多关于健康和不健康的知识——从食物到个人护理产品，再到床上用品、衣物、家具和油漆。就像许多含有有害成分的消费品一样，令我震惊的是有很多标准的建筑做法其实对我们的健康有害，尤其对于年幼的儿童，他们幼小的身体更容易受到威胁。当我告诉四岁的女儿远离某些有害的清洁剂时，她聪明地问道："但是妈妈，如果这些物品有害，为什么要制造它呢？"这是个好问题。动物凭本能就知道什么不该吃，我姐姐的猫甚至不会和新买的属于石油制品的泡沫记忆床垫同处一个房间，因为床垫闻起来很臭。

为了我们的财富。降低每年的能耗、用水量和维护成本是我们的第二目标。这对我来说很重要，原因有三点。首先，在能源方面，我痴迷于太阳能。我以前住在阳光明媚的亚利桑那州时，不明白为什么没有更多地利用太阳清洁能源——它既免费又取之不尽。免费能源的想法让我向往更低的水电费（谁不是呢？这意味着你可以从日常生活中节省更多钱）。其次，在我的职业生涯中，我花费了大量时间做大型项目的成本效益分析，这些项目会有一个正的净现值（NPV），这意味着从现金流量的角度以及

[①] 由詹姆斯·柯林斯（James Collins）和杰里·波拉斯（Jerry Porras）在他们的书《基业常青》（*Built to Last: Successful Habits of Visionary Companies*, New York: HarperCollins, 1994）中创造的商业术语。

我们的投资周期来看，这都是一个不错的交易。因此，这正是我为我的住宅找到收益为正的净现值项目的机会。最后，房子要经久耐用。我有一个很棒的丈夫，但他碰巧不是修理好手。因此，我确信，我们的住宅越不需要维护更多的东西，我们的婚姻就会越和谐（但实际上，房屋的维护成本不可能低，所以这不应该是任何人的期望）。经济上的好处是我们能花费更少的钱和时间更换那些易损部件，"绿色"部分是减少资源浪费。

为了我们的心灵。这是指为保护环境做正确的事情，并且感觉良好。这里讨论的"绿色"战略——材料采购和废物处理、景观设计和选址——既不提供直接的健康利益，也不提供经济回报。就像把垃圾分类使其便于回收利用一样，这会让我们更好地知道我们正在减少生态足迹。老实说，它减轻了我建造新家的罪恶感。众所周知，量变能够促成质变，就好比我们是一个伟大使命的一部分——并且是带来解决方案的那一部分，而不是制造问题——这种感觉可以慰藉我们的心灵。

这种"感觉良好"的前提是，作为人类，我们会为与消费选择有关的表现感到懊悔。尽管这还不是全体美国人的共识，但是随着人们对全球气候变化、空气污染、稀缺的自然资源、水污染以及所有这些因素如何影响我们的食物供应和健康的认识逐步提高，这种消费导致的罪恶感也在日益增加。这就是环保主义实际上变成了公共健康主义的原因。

做正确的事情是一个激励因素，这反映了我们对未来的态度是基本乐观的。我们不仅必须相信个人的购买决定可以有所作为，还必须相信人类可以与自然和谐相处。这种哲学观点可能是可持续发展运动中唯一的、最好的一点。

写本书时，我很清楚建造新家园不是一项"绿色"的举措，因为这样做会消耗大量资源。还有更环保的方法，例如改建现有住房。我不想争夺可持续发展的奖项，只是试着揭开那些可以压垮和让大多数业主感到恐惧的层面，从而试图让他们做出更多可持续的选择。尽管我了解到了很多，但我还是一个母亲、一个妻子以及人类中的一员，作为一个这样的人，我难以接受对我们赖以生存的星球造成伤害。

我相信改变始于家庭。我们的住宅是我们自身的延伸——从装修风格到饮食习惯再到对杂乱房间的容忍程度。因此，当决定在余下的职业生涯中致力于可持续发展事业时，我想从自己的家开始。这让我有机会培养自己的激情，了解有关房屋建造的成本、收益、优缺点以及丑陋之处。现在，我和家人开始接受这些选择，这对我们来说是另一个崭新的视角。所以，我通过本书分享心得，并希望你在建造或重新装修家时能有所启发。

第2章
关于LEED

建筑环境对我们的自然环境、经济、健康和生产力有着深远的影响。
——《LEED住宅参考指南》（*LEED for Homes Reference Guide*）的
开篇语（2008年第一版）

2011年5月18日，我的住宅成为明尼阿波利斯的第11个，也是明尼
苏达州的第32个获得LEED认证的住宅。因为我想了解住宅的整个认证过
程，所以任命自己为LEED项目经理，我们已经向运营LEED的组织——
美国绿色建筑委员会（The United States Green Building Council，简称
USGBC）注册了该项目，并在设计和施工过程中执行了所有必需的要
求。但是，即使在2009年初搬入新家后，我们仍然需要搞清楚我们获得
了哪些LEED得分，并提交所有文件以供最终审核和批准。这里的"我们"
指的是"我"，因为我是当时家中唯一一个真正想要房屋通过LEED认证
的人。

因此，我必须为自己制定一个计划。LEED认证的过程可能会让人望
而生畏：要达到85个性能标准（称为得分项，每个得分项都有不同的分
数）；这些性能标准中有18个是先决条件——这意味着它们是强制性的，
得分与否与它们没有任何关联。由于我的住宅没有建造截止日期，也不
受雇于任何人，因此我决定开一个博客，把85个LEED得分项一一记录下

每个LEED评价体系都有自己厚厚的参考指南，这两本书适用于商业建筑的设计与评估

来，破译它们的含义，以及我们是否获得了相关分数。我觉得这个博客理所当然要对公众负责，所以不能半途而废。写书的时候，我自己会学到更多，或许其他人也能学到，这些是我坚持下去的根本原因。另外，它会给予我完成这项任务所需的自律。为了合理安排时间，我制定了一个日程表，从周一到周四，每天记录一个LEED得分项，直到完成整个评价体系。它花了大约5个月的时间，尽管当时我还没有意识到那5个月的博客文章正是这本书的雏形。

纵观我的研究、参加的LEED课程和研讨会，以及在建造房屋时做的选择，所有这些，对我确定LEED认证房屋的真实成本和收益没有一点儿帮助。我经常引用的《LEED住宅参考指南》（2008年第一版）是一本342页的手册，只能在美国绿色建筑委员会的网站上以249美元的价格购买。《LEED住宅参考指南》列出了85个LEED得分项的基本原理、性能要求以及先决条件。指南中从来没有说过：不要满足这个得分项，那太贵了；或者，此项可让你轻松得到两分；或此项非常昂贵但值得。我当时就需要类似这样的建议，却苦于找不到，但现在你们可以在这本书中找到它，成本可比249美元低很多。

LEED的背景知识

美国绿色建筑委员会成立于1993年，是一个会员制非营利组织，该组织创建并管理所有LEED评价体系。最初针对商业建筑市场，第一个开发的LEED评价体系于2000年推出，指导新建筑变得更加绿色环保。这么做的初衷是什么？建筑业在资源消耗方面占据了巨大的比值：占美国能源消耗的40%、淡水消耗的13.6%和产生了约40%的城市固体废物。[①]美国绿色建筑委员会随后又创建了以下几种LEED评价体系："LEED现有建筑评价体系""LEED核心与外壳评价体系""LEED室内设计评价体系""LEED社区发展评价体系"。每个评价体系都有自己的参考指南和要求，尽管程序都相似。截至2017年10月，美国绿色建筑委员会已经监督了总计167个国家和地区的92000多栋建筑的认证，并且这一趋势还在持续增长。[②]

LEED住宅评价体系于2008年推出，以认证住宅对环境的影响。与商业建筑不同，住宅消耗了全国22%的能源。LEED住宅评价体系适用于新建房屋以及进行重大改造的现有房屋。

LEED住宅评价体系是围绕可持续设计的8类得分项建立的：创新和设计过程、位置和交通、可持续的建筑选址、用水效率、能源与大气、材料和资源、室内空气质量以及意识和教育。这8个类别中的每个类别在评价体系中都有不同的权重，其中能源占比最大（38分），因此也是最重要的。每类得分项的权重取决于特定的规划、设计和建筑决策的积分体系。

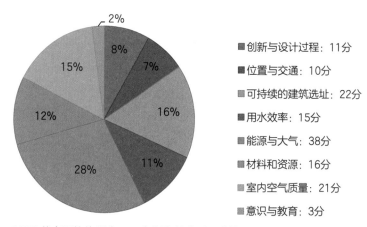

■ 创新与设计过程：11分
■ 位置与交通：10分
■ 可持续的建筑选址：22分
■ 用水效率：15分
■ 能源与大气：38分
■ 材料和资源：16分
■ 室内空气质量：21分
■ 意识与教育：3分

LEED住宅评价体系（2008年版）的类别和分值

LEED可以在四个级别上获得认证，在总分为136的得分中，最低分为45分，银级为60分，金级为75分，铂金级为90分（新版LEED住宅评价

① *LEED Reference Guide for Building Operations and Maintenance*（2013），4, 133, 306.

② "USGBC Statistics," 2016年7月1日出版，2017年10月修订，https://www.usgbc.org/articles/usgbc-statistics.

体系与商业建筑评价体系更匹配，总分100分，通过认证最低标准需要40分，银级50分，金级60分和铂金级80分）。房屋越大，达到每个级别所需的最低分数就越高；相反，房屋越小，通过LEED认证所需的得分就越少。值得注意的是，任何级别都要满足所有18个先决条件。哪怕只有一个先决条件没有达标，该建筑都无法通过认证。

当我们在2008年开始这个认证过程时，只有大约500所住宅通过了LEED认证。截至2017年10月，超过20000套住宅获得了LEED认证，其中30%达到最低认证级别，银级也为30%，金级为23%，铂金级为17%。我家的目标是至少达到银级，最好能达到金级，但绝不达到铂金级。我认为那些达到铂金级标准的住宅，只是为了追求最高级别而去投入大量资金，回报却很少。我想处在付出与回报比值曲线的顶端，而不是处在边际收益递减点。最终，我们获得了94分的LEED评分——比金级标准高出2.5分（详见书后LEED检查表）。

在讨论LEED时，需要澄清两点。首先，LEED不对任何产品进行认证，但某些产品可能符合LEED的得分条件（通常称为"符合LEED标准"的产品）。如果有人告诉你他们销售的产品是通过LEED认证的，那是在误导你。其次，从业人员没有通过LEED认证一说，他们只能是经过官方认可的——例如，我就是一名LEED官方认可的专业人员（有超过20万"LEED官方认可的专业人员"）。只有建筑物和社区可以获得LEED认证。LEED流程要求项目在开始施工之前先通过美国绿色建筑委员会网站进行注册，并与本地LEED住宅供应商（LEED for Homes Provider）建立关系。[1]

为什么要进行LEED认证？

我经常被问到的问题首先是，你从中得到了什么？没有，除了一张纸质证明，我什么也没得到（美国新墨西哥州拥有出色的可持续建筑税收减免政策，我希望其他州的立法也能效仿。我们的住宅有近2.3万美元的税收减免，超过了支付LEED认证的费用[2]）。

如果我们没有从中得到任何回报……那为什么要这么做？我们建设一

---

[1] LEED住宅供应商可以通过美国绿色建筑委员会找到。

[2] 在美国新墨西哥州，一项新的可持续建筑税收减免计划于2015年4月签署成为法律（参议院法案第279号），取代了自2007年以来实施的计划。新计划减少了房屋建筑商或购房者每平方英尺可获得的金额。详见http://www.emnrd.state.nm.us/ECMD/CleanEnergyTaxIncentives/SBTC.html。

个可持续家园的三个理由——为了我们的健康、财富和心灵——就算不通过LEED认证也能去追寻。那么，为什么不干脆只建造绿色建筑但省去获得认证的麻烦和成本呢？同样，有如下三个原因：

首先，LEED住宅评价体系是一套非常强大的指导方针和绿色建筑原则，由建筑行业许多不同领域的专家制定。它的内容很全面，兼具广度和深度，但更重要的是，它提供了用来定义和衡量性能的指标。这些指标可帮助我们理解绿色建筑的真正含义。

其次，LEED认证需要第三方验证，这意味着你可以放心，因为你知道建筑商正在按照他所保证的去做。能够这样维护业主确实是有益的，因为房屋通常是我们曾经做过的最大投资。而事实是，如果你不经历认证过程，就会错过某些有保证的东西。在职业生涯中，我领导了超过200万平方英尺（约18.6万平方米）商业项目的LEED认证，并且总会发现一些可以改进的地方被设计师、建筑商或设施经理错过了。

最后，许多研究表明，获得LEED认证可使建筑物的转售价值提高3%～5%。为什么？因为通过LEED认证即表明上述两件事已经完成。虽然单户住宅很难证明这一点，这可能会让你在卖房子还是不卖房子之间做出改变。

每个人都想知道的真正问题是：你为LEED认证支付了多少钱？这个答案实际上有两部分。第一部分涉及实际的LEED费用：注册、第三方测试、验证以及认证。这些费用总计3075美元，由我们的建筑商Streeter及其合伙人事务所支付。在美国绿色建筑委员会的LEED认证项目清单中，Streeter及其合伙人事务所建造了一个LEED认证住宅而广受好评，因此有理由将其融入营销费用，而不把成本直接转嫁给我们。由于LEED认证在当时还是一个新概念，他们很高兴能成为第一批完成这个过程的建筑商之一。

LEED费用具体分为：

- **美国绿色建筑委员会**：注册费150美元和认证费225美元，总计375美元。
- **绿色评级**：通过名为社区能源联络部（Neighborhood Energy Connection）的组织进行的所有第三方测试和验证费用为1800美元。吉米·斯帕克斯（Jimmie Sparks）是我们的绿色评级员；我在这本书中会经常提到他。这些测试和验证包括：几次实地视察和检查、鼓风机门测试、管道泄漏测试、局部排气测试、送风测试、灌溉验证和能源建模（所有细节请参阅第6章"能源"）。

- **LEED住宅供应商**：我向Building Knowledge有限公司支付了900美元，该公司会审核有关我、建筑商和绿色评级员提供的所有文件（如果使用了他们的咨询服务，并且如果我不是项目经理，这笔费用会高很多）。

　　第二部分，也是占比较大的费用，与所有绿色技术和住宅功能的成本有关，正是这些技术和功能帮助我们达到了LEED认证的金级。这部分多花了多少钱？事实是，有些材料的费用比传统产品低，有些材料的费用更高，而有些则没有区别。许多花费更高的选项降低了后续的运营成本，使我们轻易获得了投资回报。相比之下，也有一些选项花费更多，却没有任何经济利益。你将在后面的章节中读到更多关于具体材料及其费用的信息。

　　设计师和建筑商可能是LEED最大的敌人：他们说你必须克服各种障碍，告诉业主多花30%（这是错误的），并且他们可能会在自己费用的基础上付出额外的费用，以弥补吸取的教训。我认为这是很遗憾的事情，因为从长远来看，它阻碍了建筑物所有者最终用上更好的产品。实际上，研究表明，通过LEED认证的建筑物的二氧化碳排放量降低了34%，能耗降低了25%，用水量降低了11%，运营成本降低了19%。我所看到的每一个研究和所分析的每一个LEED项目都显示了有意义的投资回报。[1]

　　现在我们已经在这个家里住了8年（期间经历过几个最糟糕的冬天），实际上我已经可以说出当初花了更多的钱所进行的投资是否物有所值。我也知道，有些东西虽花了更多的钱却没有获得LEED分数，但无论如何都是值得的。相反，为了降低成本，有些事情我们决定不做（这些事情可能会给我们带来更多LEED分数，也可能不会）。事后看来，我可以说出当时我们应该投资哪些东西，或者很庆幸我们没有投资哪些东西。

　　因此，如果你打算按LEED标准建造房屋，无论通过或不通过LEED认证，这本书都适合你参阅。如果你在装修住宅时，对优先考虑绿色功能感兴趣，那么本书就是为你准备的；又或者你想了解更多关于健康住宅的选择，或是关注那些可以为自己带来回报的投资，那么本书就是为你量身定制的。如果像我一样，你想践行这些事情并让世界变得更加美好，那么本书肯定会对你有所帮助。

---

① US Department of Energy Study: "Re-Assessing Green Building Performance: A Post Occupancy Evaluation of 22 GSA Buildings, September 2011," xv. http://www.pnl.gov/main/publications/external/technical_reports/PNNL-19369.pdf.

图片来源: Karen Melvin

第一部分

为了我们的健康

谁不想拥有一个健康的家呢？美国环境保护局（EPA）推测，我们有90%的时间是在室内度过的，其中大部分时间都待在家里。但是，搞清楚如何打造一个健康住宅可能会让人不知所措。作为忙碌的妈妈、爸爸和职场人士，我们不想看到繁复的待办事项清单，尤其是与房屋有关的事情。

2013年，我给大约100名女性做了一次"健康之家"讲座。我找来了几位演讲者，讲座谈到了清洁产品、家居用品和个人护理产品都可能导致健康问题。活动的最后，我想很多人都在"无知即福"的阵营中，希望他们自己没有来过。

图片来源：Unsplash网站，Manki Kim摄影

健康住宅的话题是我们头脑中最难理解的话题之一，原因有二。首先，它关系到我们自己的健康，通常可以直接与可怕的疾病联系在一起。化学物质和毒素如何影响我们的健康仍有许多未知因素。产品（食品除外）制造商不需要透露其产品中包含的成分，使我们对所购买的商品一无所知。即使产品贴有正确的标签，我们也无法完全理解它们对我们健康的影响。化学毒素是由什么构成的？它可以是一次接触的量（急性毒性），也可以是长期接触的最小量（慢性毒性）。许多毒素具有生物累积性，这意味着随着时间的推移，它们会在我们体内累积起来，从而导致难以或不可能查明确切原因的疾病。根据美国环境保护局的数据，自1915年以来进入市场的83000种化学药品中，只有非常小的比例进行过不良健康影响检测。

第二个原因就是这个话题本身：我们自己的家。家中充满了非常个性化的选择，还有几乎每天发生的购物决定。大多数人不想直面家庭健康问题，因为他们不想让自己的个人选择被评估或评判。所以，如果你仍在阅读，那么恭喜你！你迈出了通向更健康、更可持续家园的重要一步。

饮食和运动通常被认为是影响我们健康的主要因素。但是其他三个因素也有显著的影响：我们喝的水、我们的皮肤接触并吸收的物质，以及我们呼吸的空气。LEED住宅评价体系仅在"室内环境质量"一节中提到了后者，并提供了三种策略：污染源清除、污染源控制和稀释。这句话是否让你目光呆滞？我也是这样想的，这就是为什么我要以不同的方式来表达。该部分的三个章节实际上是为指导决策提供了框架性的目标，而且不仅涉及室内空气质量，还包括更多：清洁的水、清洁的空气和清洁的房屋。这三个方面也引入了有关的LEED标准。

第 3 章

清洁的水

由于水在生活中无处不在，所以清洁的水是我们实现健康家园的首要目标。没有水我们就不能生存。人体60%以上是水，血液中92%是水，大脑和肌肉的75%是水，骨骼中约22%是水。[①]我们喝水，用水洗衣服，水是许多东西的主要成分，如咖啡、茶和汤。我们用水沐浴，同时水也会被皮肤吸收。

我们可以进入厨房，打开水龙头，并能够安全地饮用水龙头流出的水，每天每时每刻都不用担心，这一事实真的很神奇。在不那么遥远的过去（例如140年前），这几乎是闻所未闻的，而在其他许多国家，这仍然只是一个梦想。我们可以认为自己很幸运，但这并不意味着不需要关注用水，质疑它是否含有可能对我们的健康有害的污染物。2014年，在密歇根州的弗林特（Flint）发生的水危机就是一个例子，当时，当地居民饮用水中的铅含量处于危险水平。

你的饮用水来自哪里？其实你不需要知道这些就可以采取行动，但是如果你出于好奇，只需访问你所在城市的网站就可以知道了。在明尼阿波利斯及其周边许多地区，水来自强大的密西西比河。明尼阿波利斯市从这条河中取水，并进行一系列操作，包括过滤、消毒和沉淀，以减少杂质。自来水中添加的氟化物有助于防止蛀牙。在整个处理过程中，工作人员都会对水进行各种测试，平均每天要进行500次化学、物理和细菌学检查。[②]

---

① The Water Information Project, sponsored by the Southwestern Water Conservation District（no date）, retrieved January 6, 2016, available: http://www.waterinfo.org/resources/water-facts.

② The City of Minneapolis website, "About Minneapolis Water," http://www.minneapolismn.gov/publicworks/water/water_waterfacts.

关于水质的好消息是，美国环境保护局制定了联邦安全标准，该标准限制了城市或市政当局提供的水中某些污染物的数量（美国食品药品监督管理局会监管瓶装水）。由于1974年的《安全饮用水法》（Safe Drinking Water Act）及其修正案，美国环境保护局制定了国家标准或最大污染物水平，以防止健康风险。供水的城市和大都市区必须遵守该法规。但坏消息是，标准允许一定程度的污染，因此并没有解决所有潜在的污染问题。

每年，明尼阿波利斯市都会发布一份水质报告。测试结果表明，水质良好，符合规定。但是，它也表明水中仍然有一定数量的污染物，不是所有的污染物都能被检测出来。明尼阿波利斯市水务局称，常见污染物包括：

- 微生物污染物，如病毒和细菌，可能来源于污水处理厂、化粪池系统、农业牲畜养殖场和野生动植物。
- 无机污染物，如盐和金属，可能是自然产生的或来自城市雨水径流、工业或生活废水排放、天然气生产、采矿或农业生产。
- 农药和除草剂，来源很多，如农业、城市雨水径流和住宅用品。
- 有机化学污染物，包括合成和挥发性有机化学物质，是工业过程和石油生产的副产品，也可能来自加油站、城市雨水径流和化粪池系统。
- 放射性污染物，可能是自然产生的，也可能是石油和天然气生产和开采活动的结果。

太恶心了，对吧？为此，你能做些什么呢？首先，你可以测试一下水。电子TDS（总溶解性固体物质）测量仪，也称为PPM（百万分比浓度）笔，可读取水的总体纯度。TDS或PPM读数越低，水越纯。读数为零是纯水（H_2O）。不幸的是，它无法测试生物污染物或不溶性固体，如漂浮物（你可能肉眼就能察觉到）。漂浮颗粒有两种类型：无机物颗粒，如淤泥或黏土（很脏，但危害不是很大）；以及有机物颗粒，如藻类和细菌（可能危害很大）。TDS测量仪的成本约为15美元，并且可以重复使用。你也可以购买一个完整的水测试套件，价格约为20美元。这是一个一次性使用的试剂盒，可测试农药、氯、硝酸盐、铅、pH值和硬度。这些工具都有助于确定是否需要采取进一步措施。你的预算和建造或装修项目的时间安排也可能决定你可以做什么，因此这里有三个不同的选择。

低成本/基础选择：根据基础需要仅过滤饮用水。可以放进冰箱中的碧然德牌（Brita）五杯水容量的过滤壶约为11美元，一个过滤芯（每个约5美元）的过滤量最多可以过滤300瓶瓶装水（此处仅以碧然德为例，市场上还有其他好的产品）。过滤系统减少了自来水中氯的味道和气味，以及锌、铜、汞、镉等常见物质。它的设计目的不是去除氟化物或净化水，但确实让水的味道更好。

中等成本的选择：为你的厨房水槽配备一个反渗透过滤器，为你的淋浴喷头安装一个氯过滤器。反渗透（RO）系统是一种通过半渗透膜来净化水的过程。RO系统净化效果可使你的水最接近纯净水，尽管不同系统的结果差异很大。RO系统的工作需要时间，并且每天只能产生有限的RO水，但是它足够用来饮用和烹饪。RO系统具有独立的水龙头，因为水压较低且单独走管，因此你需要在台面上留出空间来放置另一台饮水机。可在水槽下安装的通用电气（General Electric）生产的基础系统在家得宝连锁店（Home Depot）的售价为147美元，一款更高档的在开市客（Costco）超市中的售价是289美元。只要定期更换过滤芯，就能够保护好你的饮用水。

对于沐浴来讲，最大的担忧是水处理中心为了杀菌向水中添加的氯。氯对皮肤和头发危害很大，并且通过呼吸进入身体后也不健康。有很多类型的过滤器可以连接到淋浴喷头（或浴缸水龙头）上直接过滤氯，从而避免了安装昂贵的全屋过滤系统。淋浴过滤器的价格从20美元到40美元不等，而且安装起来也很容易（请选用低流量的沐浴喷头，节水又省钱）。

最高成本/最彻底的选择：全屋前置的碳过滤系统，在水源进入你的房屋时，会过滤掉水中的氯和许多其他污染物。这样做的好处是你不需要在每个淋浴间、浴缸、水槽和洗衣间的出水口都安装单独的过滤器。一年仅需一次维护服务，可同时处理所有过滤问题，因此你可以全年无忧。

除非你的动手能力非常强，否则毫无疑问会涉及雇用第三方，因此成本较高。好处是，安装人员将为你进行水质测试，以确保设备工作正常，过滤水质达标。如果安装人员心情不错，他将为你提供进出水的对比结果。在雇用第三方之前，请确定水质检测是其标准服务的一部分，否则，你怎么知道它会这么做？

这些系统的成本在1000~1500美元，具体取决于你的分包商。该系统配有一个碳过滤器，用来去除水中的有机物，主要是氯。剩下的大约是残留在水中的万分之一的矿物质和氟化物。除了饮用水，这一系统应该可以满足所有其他用水需求。

对于饮用水，可以使用全屋前置的反渗透系统代替独立安装于台面下的过滤系统，这是在施工过程中可以操作的附加步骤，对于制冰机来说特别合适。如果要安装全屋前置过滤器，安装人员必须将管道铺设到需要饮用水的每个水槽。

氟化物之争

我们中那些没有生活在20世纪上半叶的人应该感到很幸运！在那个年代，蛀牙很常见，且当时没有预防方法，唯一的治疗方法是拔牙，但这很痛苦，可能会引发其他疾病。氟化物被认为可以减少龋齿的发病率和严重程度。向饮用水中添加氟化物的做法始于20世纪40年代和50年代，被誉为20世纪十大公共卫生成就之一。[1]

根据美国疾病控制与预防中心（Centers for Disease Control and Prevention）的数据，使用社区供水系统服务的美国人中有75%接收到的是含氟水。仍然需要在饮用水中添加氟化物的观点一直受到许多活动家、阴谋论者和普通的老年健康倡导者的质疑。

我仔细研究过这个有争议的话题。氟化物似乎可以帮助防止蛀牙，但这主要取决于牙齿局部暴露在氟化物中。研究中尚不清楚摄取它是否仍然是最好的方法。最初人们以为，把它添加到供水系统中会使每个人受益，而不仅仅是那些负担得起它或能够获得更好牙科护理的人。现在，氟化物在牙膏和漱口水中普遍存在，并且针对儿童的定期牙科检查也包括氟化物治疗。进一步的研究仍然质疑龋齿减少的原因是否由于饮用水中添加的氟化物，或者是由于多种因素的作用：抗生素的广泛使用、维生素和矿物质摄入的改善以及牙齿和健康保健的整体改善。[2]

就像许多声称对健康有益的维生素和矿物质一样，好东西吃太多也会有风险。过量摄入氟化物有什么风险？作为在饮用水中添加氟化物的主要倡导者，美国牙科协会（ADA）表示，氟化物会导致氟斑牙，或牙釉质上的白斑或条纹，以及骨质疏松或骨折。但这些风险很低，因为饮用水中的氟化物含量非常低，低于最大允许值4.0毫克/升，通常会达到一些州法律规定的0.7毫克/升（最佳水平）。美国牙科协会警告消费者：要警惕互联网上与饮用水氟化物有关的错误消息和其他伪科学。[3]

这个问题将继续在美国牙科协会的范围之外进行研究，其中有些似乎不是伪科学。

---

[1] Centers for Disease and Prevention, "Ten Great Public Health Achievements in the 20th Century," http://www.cdc.gov/about/history/tengpha.htm.

[2] Eugenio D. Beltran, DDS, MPH, and Brian A, Burt, BDS, MPH, PhD, "The Pre-and Post-eruptive Effects of Fluoride in the Caries," *Journal of Public Health Dentistry* (vol. 48, no. 4, Fall 1988).

[3] American Dental Association, "Fluoridation Facts," http://www.ada.org/-/media/ADA/Member%20Center/FIles/fluoridation_facts.ashx.

哈佛大学陈曾熙公共卫生学院（Harvard T.H. Chan School of Public Health）的研究表明，成年人接触高浓度氟化物会导致神经中毒。[1]更令人担忧的是，中国的一项研究发现，生活在氟高暴露地区的儿童智商明显低于生活在氟低暴露地区的儿童。[2]

最令我困惑的是我们该如何对待6岁以下的儿童：牙医和儿科医生建议我们将氟化物重新添加到过滤后的水中，但同时他们又告诉我们不要让孩子使用添加了氟化物的牙膏，因为他们可能会吞下它。这在逻辑上是否矛盾？

然后是令人"恶心"的因素。明尼阿波利斯市水质报告称，明尼苏达州要求所有市政供水系统在饮用水中添加氟化物，以促进牙齿强健。明尼阿波利斯市的氟化物来源是哪里？它来自化肥厂和制铝厂的排放物。[3]这听起来令人作呕，也是压倒我的最后一根稻草，使我决定彻底过滤家庭用水并滤掉氟化物。

---

[1] Havard School of Public Health, "Impact of Fluoride on Neurological on Development in Children," http://www.hsph.havard.edu/news/features/fluoride-childrens-health-grandjean-choi/.

[2] Choi AL, Sun G, Zhang Y, Grandjean P. 2012. "Developmental Fuloride Neurotoxicity: A Systematic Review and Meta-Analysis." *Environmental Health Perspect* 120:1362-1368; http://dx.doi.org/10.1289/ehp.1104912.

[3] The City of Minneapolis Water Quality Report, http://www.minneapolismn.gov/www/groups/public/@publicworks/documents/webcontent/wcms1p-093798.pdf.

尽管儿科医生和牙医建议我们在孩子的饮用水中添加氟化物，但我们还是决定不喝含氟化物或含有其他任何污染物的水，因为我们想要的是纯水。因此，我们安装了一个反渗透+去离子（RO/DI）系统（蒸馏过程还会去除氟化物），仅用于饮用水。RO/DI是Aquathin公司的专利技术，它能去除氟化物以及其他悬浮的溶解性固体物质和化学物质。我们很幸运地遇到了理查德水系统公司（Richard's Water Systems）的理查德·格拉西（Richard Grassie）先生，他帮助我们完成了整个安装过程并解释了其中的差异。他最热衷于提高水质，是我追求健康水必找的人。当明尼苏达州布莱恩市（Blaine）对水中的大肠杆菌进行检测时，唯独理查德的客户不必担心，因为多屏障RO/DI系统可以清除致病的微生物。

反渗透系统的缺点是它会浪费水。我们每喝1加仑（约2.8升）水，就会有3加仑水流入下水道。但是相比之下呢？如果以其他方式，比如购买瓶装水来饮用，这几乎没有任何可比性，因为从浪费的角度来看，瓶装水更糟糕。在考虑你的预算时，重要的是减少瓶装水的使用。一次性瓶子是主要的垃圾来源并带来回收问题，更不用说处理它的成本也很高。用自己的可重复使用的水瓶，随身携带自己的水，这是我们能做的对环境产生积极影响并确保减少接触潜在有害污染物的最佳方法之一。而且，用我们自己的清洁过滤水代替瓶装水还可以省钱。

反渗透系统在一些纯粹主义者中名声不佳，他们认为我们正在"杀死"水，并去除了水中正常携带的所有"有益"矿物质，例如钙和镁。有关饮用水水质是否健康的说法会令人非常困惑，也很难判断该信任谁。

看待这个问题的一种方法是假设水中有50种不同的东西，而其中只

	多屏障RO/DI	反渗透净水机	碳过滤机	蒸馏机
微生物				
大肠杆菌	A+	F	F	A+
隐孢子虫，贾第虫	A+	F	F	A+
病毒	A+	F	F	A+
无机物				
重金属	A+	B+	F	A
石棉	A+	B	F	A
砷	A+	B-	F	A
氟	A+	B-	F	A
硝酸盐	A+	C	F	A
钠	A+	B-	F	A
（水的）硬度	A+	B	F	A
铁	A+	F	F	A
总溶解性固体物质	A+	B	F	A
有机物				
化学溶剂	A+	C	A-	B-
杀虫剂	A+	C	A-	B-
除草剂	A+	C	A	B
水质				
味道	A+	B	B	B
气味	A+	B	B	B

来源：理查德水系统公司

有5种是有益的。没有一项技术能够消除45种有害污染物，只留下5种有益成分。所以，你难道不愿意去除所有50种非纯水的物质，从而获得纯水吗？然后，如果我们失去了有益的矿物质，我们可以从食物中获取它们（而不是从溶解的岩石中）。

左侧是饮用水专用的RO水龙头

我们最终安装了一个7加仑的RO/DI系统，为整个房屋提供饮用水。除了厨房里有一个水龙头外，我们楼上的浴室里还有一个小水龙头。这也许是我在家里最喜欢的事情之一，因为在晚上我不必下楼去取饮用水，而且我知道我们的饮用水是安全的。

该系统的成本为1500美元，每年的维护费用在130~300美元。但真正的问题是：它行得通吗？我有一个水质测试仪，可以显示水中除纯水以外的任何东西的百万分比浓度（PPM）。最近对我们的RO/DI水的测试结果是只有5PPM，实际上就是纯净的水。经全屋前置过滤的非RO/DI水（用于洗涤等）达到113PPM，仍远低于美国环境保护局规定的最高500PPM的水平。

通过管道基础设施输送的优质饮用水要比购买大桶装水更加可持续，且更胜于成箱购买的用于家庭饮用的瓶装水。我不打算讨论瓶装水对地球

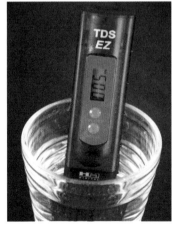
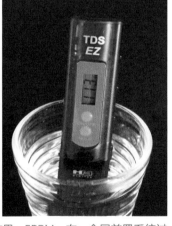

左：经RO/DI过滤的饮用水测试结果：5PPM；右：全屋前置系统过滤后的（非饮用）水测试结果：113PPM

7加仑反渗透饮用水箱

造成的所有伤害，但只要读一读伊丽莎白·罗伊特（Elizabeth Royte）的《疯迷瓶装水：大企业、地方泉水以及美国饮用水之争》（*Bottlemania: Big Business, Local Springs, and the Battle over America's Drinking Water*），你也会在道德层面上反对瓶装水。

LEED住宅评价体系根本没有涉及水质，只涉及水资源利用效率。在其他LEED评价体系（用于商业或多户型建筑）中，你可以通过安装整个建筑物的前置水过滤系统减少或消除对瓶装水的需求，并因此可获得一个LEED创新积分。[①]但是，你必须要亲自研究实施过程，不幸的是，LEED并未将其作为一个重要策略。因此，对于健康住宅的第一个重要组成部分，我们没有获得任何LEED分数。

---

① USGBC,"Credit Interpretation Ruling number 2551," made April 22, 2009, https://www.usgbc.org/leed-interpretations? clearsmartf=true&keys=2551.

第 4 章

清洁的空气

美国环境保护局推测认为，即使在大型工业化城市，房屋内的空气污染程度也可能是室外空气污染程度的3～5倍。为什么会出现这种情况呢？这是因为家用建筑用品、家具、清洁用品以及日常生活都会产生许多污染物。同时，住宅空间变得越来越紧凑，且更加节能，因此室外空气很难进入室内让室内空气流通。我们每时每刻都身处空气中，所以清洁的空气是我第二优先考虑的事情。

在有关绿色建筑的图书中，一个健康家园的主要特征反映在室内空气质量上。有多少次你走进一户人家，会闻到一股奇怪的气味？你自己的家有异味吗？这些可能是住宅不健康的迹象。清洁的空气根本没有气味，所以这才是我们的目标。

关于健康家园的决策，我主要有两个参考资料，一个是雅典娜·汤姆森（Athena Thomson）的《治愈的家园》（*Homes That Heal and Those That Don't*），另一个是宝拉·贝克·拉波特（Paula Baker LaPorte）的《健康家庭的处方》（*Prescriptions for a Healthy Home*）。由于我没有接受过医学方面的训练，对这两本书我没有太多要补充的内容，除了分享书中没有提到的几个方面：对我们银行账户的影响、对我们做出决定的影响，以及它们是否与住宅获得LEED认证有关。

许多人认为，如果家里有异味，最好的方法是使用空气清新剂或香薰蜡烛。难道我们不是被广告误导的，认为如果在家里喷洒空气清新剂会更快乐吗？这实际上会使问题变得更糟，因为空气清新剂并不能使空气变得清洁，只是掩盖了异味，且更难找到异味的来源从而消除它。此外，许多空气清新剂都含有对人体健康有害的有毒成分。美国环境工作组（The

Environmental Working Group，EWG）的在线健康生活指南检查了277种空气清新剂，其中超过82%的产品被评为D或F级，从而使它们在引起危害方面受到高度关注，主要是影响发育和生殖方面的毒性，还可能会导致皮肤过敏、哮喘或呼吸问题。美国环境工作组强调了选择那些标签上注明"无香精"的产品及放弃使用空气清新剂的重要性。[①]

　　根据美国环境工作组的说法，香薰蜡烛像空气清新剂一样，会将成分未公开的芳香化学物质的混合物释放到空气中，以掩盖其他气味。即使是无味的蜡烛也可能会危害你的健康。当今市场上的大多数蜡烛均由石蜡制成，石蜡是石油提炼的副产品。因此，使用这些蜡烛基本等同于你在室内燃烧石化燃料却没有排放到室外。用石蜡制成的蜡烛经过长时间燃烧后，会在顶棚、墙壁和家具上留下黑色的烟灰。你猜怎么着？那些污渍中的黑色烟灰微粒很容易被吸入，并可能引起呼吸系统疾病。如果要点蜡烛，请选择由大豆或蜂蜡制成的无香料蜡烛。如果你想使家中散发香气，请考虑使用香薰扩散器，并搭配源自植物的精油。

　　本节实际上非常适合LEED规定的三种清洁空气策略：污染源清除、污染源控制和稀释。从污染源清除开始是有道理的，因为这意味着首先不要在房屋中引入会释放有害气体的材料。LEED将其归类为"低排放"材料，我喜欢称之为"析出气体"。

析出气体

　　你可能会持怀疑态度：你怎么知道房子里有东西正在析出气体并且有害健康？问得好。首先来做嗅觉测试：不管什么样本，拿一份放到鼻子上，然后深吸一口气。如果有异味，那就是有气体析出，甚至可能会让你立即头痛。建筑商会告诉你，它们会析出气体：这种污染的解决方法就是淡化！好吧，是的，气味的确会消失，但居住者也会习惯它。

　　我们有给之前的住宅安装新百叶窗的第一手经验，这导致我丈夫和我产生了严重的头痛。实际上，当这些百叶窗还在析出气体时，我们就搬了出去，因为当时我怀孕了，很担心这会对我们的宝宝造成影响。事实证明，这些百叶窗中含有乙烯基——这是气味产生的原因。因此，现在我会谨慎选择不含乙烯基的产品！

　　如果你不想有气味，试着查找建筑材料或家具的成分。每种建筑

---

① Environmental Working Group, "EWG's Healthy Living Home Guide."

材料都必须具有安全数据表（SDS；以前称为MSDS——材料安全数据表）。安全数据表旨在为工人和急救人员提供适当的程序，以便处理或使用特定的材料。安全数据表包括物理数据（如熔点、沸点）、毒性、健康影响、急救、储存、防护设备和处置等信息。有趣的是，安全数据表仅适用于可能在工作中遭受危害的员工，而不是针对消费者。例如，油漆的安全数据表只对那些日复一日涂刷油漆的人重要，这让我感到无法接受。即使我的家人不会时时刻刻都接触有毒物质，但仍然会接触到一些。有谁能说出毒物的可容忍程度是多少？而且，我确实关心正在建造房屋的工人，如果因为我们的选择，让他们接触到有毒产品，这是不对的。

如果你仍然不知道一种产品是否会析出气体，还有一些方法来测量室内空气质量。在你所在的地区找到一名建筑生物学家，他或她很可能拥有合适的测试设备，或者只是邀请一位患有过敏或哮喘的友人，我们可以马上告诉你结果。

虽然数以百计的产品会析出气体，但我将重点放在两个最优先考虑的问题上，这两个问题在我所有的研究以及LEED住宅评价体系中被认为是最重要的：甲醛和挥发性有机化合物（VOCs）。

甲醛

据美国疾病预防与控制中心介绍，甲醛是一种无色、有刺鼻气味的气体。家庭中甲醛的来源包括：玻璃纤维、地毯、永久性压烫织物、纸制品以及人造紧压木制品。供室内使用的紧压木制品包括：刨花板（用作地板、搁板、橱柜和家具）、硬木胶合板（用于装饰墙、橱柜和家具）和中密度纤维板（用于抽屉前板和橱柜）。

当一个人暴露在高浓度甲醛（超过百万分之0.1）下会发生什么？症状包括：咽喉痛、咳嗽、眼睛发痒流泪、流鼻血、恶心、疲劳和呼吸困难。此外，甲醛还会导致癌症，主要是鼻子和喉咙的癌症。科学研究尚未表明一定程度的甲醛暴露会导致癌症。但是，浓度越高，接触时间越长，患癌症的概率就越大。[1]

这些产品中的添加剂的专业术语为脲甲醛（UF），因为甲醛本身可以自然产生。脲甲醛树脂是木材产品的主要胶黏剂，因为它们抗拉强度高、

---

[1] Centers for Diseases Control and Prevention, "What You Should Know About Formaldehyde," http://www.cdc.gov/nceh/drywall/docs/What YouShouldKnowaboutFormaldehyde.pdf.

成本低、使用简单、用途广泛、固化后产品不显色，并且它们是可以找到的固化速度最快的树脂。[①]

2006年7月，就在我们购买了土地并开始做规划之后，一则有关美国联邦应急管理局（FEMA）房车的令人不安的消息传来，房车里住的是卡特里娜飓风的受害者：

"近一年来，无处不在的美国联邦应急管理局房车为数万名因卡特里娜飓风而无家可归的墨西哥湾沿岸居民提供了庇护所。但是，人们越来越担心的是，即使为居民提供了住所，它也将居民暴露在有毒气体中，可能会对健康造成直接和长期的风险。

这种气体叫甲醛，来自广泛使用它的各种产品，包括成千上万辆旅行房车中的复合木材和胶合板，在卡特里娜飓风过后，美国联邦应急管理局购买了这些房车，用来安置飓风受害者。国际癌症研究机构（International Agency for Research on Cancer）将甲醛视为人类致癌物或可引发癌症的物质，美国环境保护局（US Environmental Protection Agency）也将其视为潜在的人类致癌物。

自4月以来，塞拉俱乐部（Sierra Club）对44辆美国联邦应急管理局房车进行的空气质量测试发现，甲醛浓度高达百万分之0.34，这一浓度几乎等于专业防腐师在工作中所要承受的浓度，这个结论是根据一项关于这种化学物质对工作场所影响的研究得出的。

除4辆房车外，所有房车的检测结果都超过了百万分之0.1，美国环境保护局认为这是一个高浓度的程度，可导致一些人流泪、眼睛和咽喉灼烧、恶心和呼吸窘迫。"[②]

尽管卡特里娜飓风的受害者因为美国联邦应急管理局房车而生病是灾难性的事故，但这一事故可能有助于改变公共政策。由于脲甲醛在木制品行业[③]中的广泛使用，以及对甲醛排放危害的担忧，美国政府在2010年出台了《复合木制品甲醛标准法》。这部法律，即现在的《有毒物质控制法》（Toxic Substance Control Act）的第六章，旨在规定复合木制品甲醛释放量的限值。不过，美国环境保护局花了数年时间才做出贯彻和执行这项新法律的裁定；新的甲醛排放标准自2018年12月12日起生效。

---

① Polymer Properties Database, CROW 2015.

② Mike Brunker, MSNBC.com, "Are FEMA Trailers Toxic Tin Cans?" http://www.nbcnews.com/id/1401193/ns/us_news-katrina_the_long_road_back/t/are-fema-trailers-toxic-tin-cans/#.WgjC9WWbzKk.

③ 2012年，全球甲醛市场价值近110亿美元，预计到2018年将达到180亿美元，依据TMR（Transparency Market Research）的研究。

但是我们早在2008年就选购了橱柜，那时还没有通过任何减少甲醛暴露的立法。为了明确向制造商表明我们不希望在家中有甲醛，必须要求其做到"无添加脲甲醛"（NAUF）这一指标。我们最后选择了橱柜制造商Damschen Wood，因为当我们要求只使用NAUF刨花板和中密度纤维板（MDF）作为橱柜的面板时，他们是为数不多没有对我们的要求感到不知所措的承包商之一。他们认同这个健康问题，并且已找到NAUF木材的供应商。但是在2008年，我们为此付出了高额的费用！分析表明，对于中密度纤维板原材料而言，NAUF的成本要高出16.5%；而对于刨花板原材料而言，NAUF的成本要高出44%。平均而言，整个住宅的NAUF橱柜的核心材料，成本要高出30%。

我们为放置在首层的橱柜选择的是垂直纹理冷杉，在NAUF规格下，每4英尺×8英尺¾英寸板材的价格为111.30美元，用来做一些昂贵的橱柜。但是对于全部放置在下层的橱柜（决定在项目的中途部分完成），我们决定使用透明涂层的NAUF中密度纤维板，每张板的价格为29.90美元，这是一种更实惠的解决方案。透明涂层的中密度纤维板实际上看起来不错，到目前为止的磨损程度非常小。相比任何其他垂直纹理冷杉木橱柜，也没有出现更多的裂纹或凹痕。不过，我不建议在水平表面使用它，因为如果弄湿了，它会明显膨胀。鉴于对甲醛危害的了解，以上的额外花费我们认为是有必要的。

值得庆幸的是，由于《有毒物质控制法》第六章的规定，现在找到无甲醛挥发的橱柜应该更容易，而且价格也下降了。但是，消费者仍然需要关注这个问题。美国环境保护局建议，在购买复合木制品或包含复合木制品的制成品时，消费者应寻找标有TSCA Title VI compliant标记的产品。[1]这是另一个很难记住的术语——我希望他们继续使用NAUF这个名字！

尽管LEED认可没有添加脲甲醛的橱柜、台面和装饰物的重要性，但只有这些符合其更广泛定义的"环保产品"，即由可回收材料或经森林管

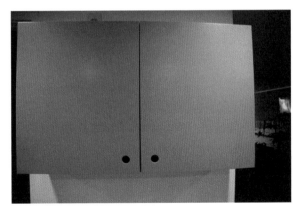

使用透明涂层的中密度纤维板制作的橱柜

---

[1] US Environmental Protection Agency, "EPA's Rule to Implement the Formaldehyde Standards for Composite Wood Products Act," July 2016（Revised January 2017）, EPA-950-F-17-001.

理委员会认证的木材制成的产品时，才会获得LEED分数。我们的装饰物和台面都符合这两个定义，但橱柜不符合（见第9章"材料"）。

挥发性有机化合物

挥发性有机化合物（VOCs）是一类碳基化合物，在普通大气条件下易挥发。换句话说，它们是从某些固体或液体中释放出来的气体，会对健康产生不利影响。

根据美国环境保护局的资料，数千种产品会排放挥发性有机化合物，例如油漆和清漆、脱漆剂、清洁用品、农药、建筑材料和家具、办公设备（如复印机或打印机）、绘图和工艺材料（包括胶水和胶黏剂）、永久性标记和相片冲洗溶液。

接触挥发性有机化合物有许多已知的健康风险：对眼睛、鼻子和喉咙的刺激，头痛、失去平衡感、恶心、记忆障碍，对肝、肾和中枢神经系统的损害，皮肤过敏反应，疲劳和头晕。与接触其他毒素相似，其对健康的影响取决于接触时间的长短、挥发性有机化合物的浓度以及总体毒性水平。挥发性有机化合物也是造成污染和烟雾的主要因素。在加利福尼亚州南部，南海岸空气质量管理区（SCAQMD）估计，13%的臭氧污染来自油漆和溶剂中的挥发性有机化合物。

想了解你要购买的东西，最好的办法是阅读产品上的标签。挥发性有机化合物的表示是以克/升（g/L）为单位，不包括在销售点添加的水或染色剂。根据美国环境保护局的规定，联邦政府对低挥发性有机化合物和无挥发性有机化合物的定义做了限定。

许多州和地区甚至要求在当地合法销售的油漆的挥发性有机化合物应低于联邦法规规定的水平。例如，加利福尼亚州南部的南海岸空气质量管理区拥有最严格的挥发性有机化合物标准之一。这些标准同样是LEED认证在所有评价体系（住宅和商业建筑）中所采用的。不同类型的产品适用不同的标准，以下就来讨论一下，我们在建造住宅时，必须注意挥发性有机化合物的五个方面。

铺地材料

美国地毯学会（CRI）的"绿色标签+"（Green Label Plus）计划为室内空气质量设定了高标准，并确保带有该标签的铺地材料排放量非常低。根据LEED的要求，至少90%的铺地材料是带有CRI"绿色标签+"标志的地毯且配备具有CRI绿色标签的地毯衬垫，或者至少90%的地板是硬铺地材料（或某种组合），才属于低排放铺地材料。要找到符合这一标准的地毯并不难，而且选择范围还在不断扩大。但符合要求的地毯衬垫稍微难找一些，如果你不主动要求的话，很可能会找不到，因为地毯衬垫是一种隐藏的东西，一旦安装好了，你就看不到它了。但是，如果它确实会析出气体，你就会注意到它，而且是以一种不好的方式！

我们选择了经过CRI认证的羊毛地毯，而且非常喜爱这块地毯。羊毛地毯比非羊毛地毯贵很多，但我们认为它物有所值，因为羊毛地毯是一种天然材料，因此在外观、体感、耐用性方面值得付出额外的费用。我们选择的其余铺地材料是硬质表面的（石板瓷砖、未修饰的混凝土和软木），所以我们获得了LEED的0.5分。

地毯具有"绿色标签+"低排放认证

关于硬质铺地材料，FloorScore是值得信赖的认证体系，符合LEED的室内空气质量性能标准。我们的石材地板没有经FloorScore认证，因为除了潜在的氡，石头没有任何排放物。FloorScore低排放等级对于通常会产生气体排放的铺地材料更为重要，如工程硬木、竹子、橡胶和层压板。

室内油漆和涂料

内墙和顶棚上使用的油漆、涂料和底漆均有挥发性有机化合物的标准：对于公寓，最大不得超过50克/升；对于非公寓，最大不得超过150克/升。这曾经是（现在仍然是）非常容易达到的标准，但我们是通过迂回的方式达到的。我们当时正在尝试寻找油漆的替代品，因为老实说我不相信存在"环保"油漆（对于那些想要更淳朴、仿古外观的人来说，也许牛奶油漆是一个潜在的好选择）。

有一次我去当地一家出售天然建筑用品的商店"自然建造之家"（Natural Built Home），了解到一种名为"美国黏土"（American Clay）的产品。"美国黏土"是一种灰泥，可以替代油漆和其他类型的墙壁灰泥。它具有各种大地色，给人一种温暖的家的感觉。它还具有惊人的特点：仅由天然材料制成，挥发性有机化合物值为零，并通过自然吸收和释放水分帮助调节室内的潮湿空气。因此，我当然希望在我家的所有墙壁上都使用"美国黏土"的产品。实际上，我对油漆的了解越多，就越不明白为什么有人会将它涂在自家附近！毕竟它是一种有毒的化学物质，不能倒入下水道，必须运到有毒废物倾倒场处理。

我买了一盒漂亮的"美国黏土"样品。我们的设计师有些不安，因为

"美国黏土"的样本颜色

没有纯白色，但我认为可以解决这个问题。我们打算设置冷杉顶棚和许多窗户，所以我认为用"美国黏土"的产品涂刷剩余的墙壁不会花很多钱。

然后，又要考虑成本核算了。如果所有墙壁上都使用"美国黏土"的产品，费用几乎是油漆的两倍。因此，我们认为，也许不需要在车库、卧室或顶棚中使用它（在这些地方，我们决定涂刷涂料而不是安装冷杉木条，因为这太贵了，而且似乎没有必要）。只在主要房间使用怎么样？只用作装饰怎么样？如果我们只选择几面墙涂黏土灰泥，会不会显得有些突兀？

最终，我们的预算不允许使用黏土灰泥。我有些失望，但也有些释然。比如，当触碰到黏土灰泥墙时会发生什么？衣服会变脏吗（我们的样品似乎就会）？漆面是否容易产生划痕或损坏？如何进行修补？我们的设计师对这个决定感到兴奋，因为他喜欢纯白色的涂料，以及纯正的涂料提供的其他一些颜色，但黏土灰泥做不到。

环保涂料是一种自相矛盾的说法，但传统观点认为，它只是低挥发性有机化合物或无挥发性有机化合物涂料。所以我又做了进一步调查。我了解到，你可以买到无挥发性有机化合物的白色和浅色涂料，但是任何色泽艳丽的涂料都不可能是无挥发性的有机化合物，最好的情况也只能是低挥发性有机化合物。最后，我们默认了"环保型"涂料并采用了更多的标准施工方法。我们所用的涂料都是无挥发性有机化合物的，是由Benjamin Moore Aura公司出品的，因此满足了LEED要求，获得了0.5分，我们刚搬进来时，新房也没有异味。

下一个明显的问题是：无挥发性有机化合物和含有低挥发性有机化合物的涂料是否也能达到相同的效果？它们的成本是否更高？根据我的个人经验，对于室内涂料和密封剂，它们在质量上绝对没有差异，但在气味上却有很大差异。走进刚刚涂完无挥发性有机化合物涂料的房屋，会感到真是太神奇了——几乎没有气味，不会头痛，也不会头晕。

更重要的是，油漆工人也很欣赏这个优点！他们每天的工作不可避免地与毒素接触，所以真的可以分辨出涂料的差异。我们的住宅完工之后，一些工人特别感谢我选择了这种类型的涂料和密封剂。他们还确认了在质量上没有差别。根据《消费者报告》（*Consumer Reports*）杂志上刊载的"涂料购买指南"，早期的低挥发性有机化合物涂料在表面耐久性上比高挥发性有机化合物涂料差一些，但我们测试过的所有涂料都声称具有低挥发性有机化合物或无挥发性有机化合物，而且其中有很多表现非常好。

很难比较涂料的成本，因为品牌、分销、质量、需要的涂层数量等都与成本有很大关系。Yolo涂料在家得宝和亚马逊上的售价为每加仑36美元，它们不含挥发性有机化合物，另外还具有低毒性的优点。与它竞争的产品，家得宝连锁店的Jeff Lewis Color品牌是"超低挥发性有机化合物"（每升小于15克）产品，不是"无挥发性有机化合物"产品，但质量仍然相当不错，它在家得宝连锁店的售价为每加仑40美元，也就是每加仑贵了4美元，而且还有点儿不健康。所以，虽然这只是一个例子，但我可以肯定地说，低挥发性有机化合物或无挥发性有机化合物产品的价格不会更高。此外，涂料是不能吝啬的事情之一，因为低质量的涂料需要更频繁地重新粉刷，从长远来看成本更高。

选择涂料的另一个技巧是寻找带有公认的绿色认证标志的产品："绿印章"（Green Seal）或"绿色卫士"（GREENGUARD）。"绿色卫士"认证具有严格的排放标准，主要侧重于保证健康的室内空气质量。[1]"绿印章"是一家非营利组织，成立于1989年，旨在通过认证家用产品、建筑材料、油漆和涂料、纸张和个人护理用品，帮助消费者找到真正的绿色产品。除了保证低挥发性有机化合物排放的特点外，"绿印章"还确保产品具有更安全的配方、简易的外包装、用户使用说明和许多其他重要品质，即32项环境领导力标准中的每一项都有明确的定义。因此，它是一种更全面的绿色标签。[2]最后我想说，因为无挥发性有机化合物和低挥发性有机化合物含量的油漆及密封剂两者性能一样出色，对你的健康和环境更有益，而且成本也不高，因此绝对没有理由选择使用其他任何产品。

实际上，即使我们不在任何地方使用涂料，仍然存在给木材涂装的问题。木材不能没有漆面，因为它会腐烂、开裂并腐朽。漆面有助于保护木材并使其美观。但是，像油漆一样，大多数面漆都含有高挥发性有机化合物并且是溶剂型的。我们与油漆分包商进行了沟通，他们同意为我们的所有室内再生木材尝试一种新的水基产品。

对于挥发性有机化合物含量，LEED的要求是：透明木面漆必须小于550克/升，清漆必须小于350克/升，密封剂必须为250克/升（关于虫胶、

---

[1] "绿色卫士"认证是 UL Environment的一部分；所有经"绿色卫士"认证的产品都列在UL SPOT 可持续产品数据库中。

[2] 数据来源于"绿印章"的CEO道格·加特林（Doug Gatlin）。*Green Seal-certified paints and coatings, and the Green Seal Standard for Paints, Coatings, Stains, and Finishers can be found at www.greenseal.org/GS11.*

染色剂、地板涂料和防锈漆的标准更多。某些标准基于"绿印章"的标准，某些标准基于南海岸空气质量标准；我们没有使用它们，因此不再赘述）。我们在窗饰上使用的室内木材漆面是Agualente油漆，这是"绿色卫士"认证的品牌，挥发性有机化合物含量为100克/升，很容易满足低排放的要求。对于再生木料楼梯，我们使用了主要由亚麻籽油和桐油制成的9号BioShield硬质油，挥发性有机化合物含量也很低（刚好满足LEED的250克/升的挥发性有机化合物限值）。

当工人在粉刷油漆时，我回到自己的房子。马特（Matt）、一位20多岁的油漆工，第一次没有戴面罩工作。我担心自己坚持使用的这些"非标准"产品的性能，因此问马特，到目前为止，BioShield和Agualente的产品是否经得住时间的考验。他回答说："我不知道，这是我们第一次使用它们。但是我每天晚上都不会感到烧心。"我感叹道："哦，真的吗？你每天晚上都会因为使用常规[石油基]油漆而感到烧心吗？""是这样的，但这是我的工作！"我苦恼地回到家，想知道为什么人类会制造对自己如此有害的东西。

现在，我可以回答这些产品能否经受住时间考验这个问题了：到目前为止，一切都很好。在经过8年的无维护之后，我们确实需要对一些木质窗饰重新涂漆，但楼梯还是好的。我们邀请了几位油漆工，他们觉得这些漆面的状况比他们的预期好得多，而且永远不会有异味。我们因为使用低排放油漆和涂料获得了LEED的0.5分。

胶粘剂和密封剂

胶粘剂和密封剂的规则更加混乱，它们必须遵守一长串符合南海岸空气质量管理区第1168号规定的挥发性有机化合物含量水平。[①]密封剂对我来说是一种从未见过的蜡球，因为我不知道需要密封些什么。显而易见的是，地下室和车库中的混凝土地面确实需要密封，而地下室裸露的混凝土墙面则不需要。首层的石板瓷砖可以密封，但不是必须的。似乎一旦密封好某个东西，就需要在将来的某个时候重新密封。因此，我们在承包商允许的地方不进行密封。

对于混凝土地面，我们使用了爱荷华州费尔菲尔德市（Fairfield）的一家环保家居商店Green Building Supply制造的密封剂。我们的承包商以前从未使用过这样的密封剂，因此施工时一直抱怨和诉苦。不是因为它有异味或者效果不好，而是因为它用起来有些难以控制，不像以前的油性

---

① 更多信息详见www.aqmd.gov。

密封剂那样好用。使用之后的效果看起来不错，就像一块完整的裸露混凝土一样。我们的车库里有几个小坑，确实需要重新密封，但是在明尼阿波利斯的冬季盐碱化街道上生活和驾驶了8年后，出现这种情况是可以预料到的。

Green Building Supply制造的混凝土地面密封剂

尽管很清楚我们想要的是没有气体析出的胶粘剂，但是市面上有太多不同类型的填缝剂、泡沫等，这些功能对我来说是未知的，但对于分包商来说却是必不可少的，但我不可能验证是否每个产品都符合标准。我本来必须（几乎）每天都待在装修房里，检查每个工人正在使用的胶粘剂。但是这次我没有追求获得LEED的分数，因为我不认为这些用量小的建材具有重要性和影响力而值得我去花费时间。

保温

为确保低排放，产品必须符合加利福尼亚州对于用于小型房间的建筑材料中挥发性有机化合物的检测标准。[①]我对此并不清楚，唯一的了解途径就是询问制造商或安装公司。我们使用的是闭孔聚氨酯喷涂泡沫，该泡沫在安装时有剧毒，因此我不得不假设它不符合要求。安装公司向我保证过，保温喷涂完成后，它将完全变成惰性，并且不会有气体析出。因此，尽管没有获得LEED分数，但我们选择的保温材料从节省能源的角度来看是值得的（请参阅第6章"能源"）。

室外饰面

上述所有这些标准都是针对室内的。室外不受LEED监管，因为LEED仅针对室内环境质量。但是我仍然关心不污染户外环境，所以我对饰面材料做了调查。

我们的房屋由钢柱支撑，这些钢柱支撑着24英尺（约3.7米）宽的房屋横梁。根据建筑工人的说法，这种钢也需要密封，否则会生锈。建造者非常担心生锈的问题，如果这些柱子腐化，整个房屋结构的完整性将受到影响。我们的设计师想给柱子上漆，而我们的建筑商说，至少每隔5年需要重新涂一次油漆，以防止生锈。一旦房子建成，要确保油漆覆盖钢柱的

① 2017年1月更新，本产品排放检测协议为室内空气排放检测提供了基础；它是完全透明的，并已成为公认的标准。详见 standards.nsf.org。

正在施工中的钢柱

所有表面真的很难。因此，建筑商建议我们对钢材进行镀锌。这么做意味着什么？意味着钢材被锌包裹，使钢材免于腐蚀，从此再也不需要粉刷。它看起来就像街道路标。我喜欢这个主意，因此接受了它。设计师认为，不粉刷会更可靠。很高兴我们发现了一道不需要使用油漆的工序。由于钢和锌两种原料都很丰富，而且100%可回收利用，所以，镀锌钢是一种很好的建筑材料（话虽如此，但要在环境上做出权衡：开采金属的作业和造成的废料可能会导致矿山发生地质灾害以及土壤和水被污染。在这种情况下，坚固、几乎防锈的产品可以持续使用很长时间，从而胜过这些顾虑——尽管只是一种个人见解）。

至于外部木材密封胶，我还没有找到一种低挥发性有机化合物的有效产品。问题是大多数水基涂料和密封剂不能为房屋外部提供保护性涂层，以防止雨雪侵袭。如此一来，我们不得不求助于溶剂型产品，但它们的味道真的很臭。这也没什么大不了的，因为它在室外，味道可以很快散去。而且随着标准变得更加严格，越来越多的产品可以很好地满足要求。我只想说，如果你的生活审美可以接受房屋没有精美的木质外观，那就避免使

　　建造一个可持续的家园

撑起房屋的钢柱。图片来源：Paul Crosby   风化的雪松窗格

用木材吧，木质外观每年的维护都会是一个问题。在每个夏天，都会有一笔大开销。而且，如果错过了夏天的维护机会，就好比我们在2017年所做的那样（仅针对房屋的一部分，而且当时我们试图找到一种新产品），结果木材看起来很糟糕，我的公公因我疏忽打理住宅而很生气。

因此，在我的"析出气体"类别下，也就是LEED所称的"低排放"，我们获得了LEED 1分（地毯0.5分，油漆0.5分），而且没有花更多的钱。

氡

清洁空气的另一个重要指标是预防氡。根据美国环境保护局的说法，氡是一种可怕的、无声、无味的气体，每年导致21000人死于肺癌，是继吸烟之后的第二大肺癌成因。此外，据估计，美国每15户家庭中就有1户氡含量过高，而且每个州的住宅中，均发现氡含量过高的迹象。氡是来自土壤、岩石和水中铀的自然分解产物，具有放射性，散布在我们呼吸的空气中。

LEED住宅评价体系采取了预防措施，要求在高风险地区，建筑的先决条件是预防氡超标。我们居住的亨内平县（Hennepin County）被列为一级高风险地区，所以这对我们来说是强制性的。

防止氡超标施工技术包括五个部分：透气层、厚塑料板、混凝土板所有穿透部分的密封和填缝，以及用于从房屋下方排出气体的排气管。我们的建筑商知道这一要求，并按照这些规范进行设计和建造［将房屋抬高至少2英尺（约0.6米）是另一种防氡的方法，但会带来设计、管道等方面的其他问题］。

幸运的是，防止氡超标的施工技术不仅简单，而且证明是有效的。主要方法是采用一个通风管道系统和风扇，该风扇将含氡的气体从房屋下方排放到室外。我们家有通风管道系统，但没有风扇。但建筑商向我们保证，由于这是我们地基上唯一的洞，因此含氡的气体自然会从这里上升排放出去。

那它究竟行得通吗？我从家得宝购买了氡气测试套件，以测试建筑商的保证是否准确。测试氡相当简单。套件本身的价格约为10美元。你会得到两个小瓶子，使用时要将它们放在一起，然后放置在家里位置最低的起居室里。它需要放置整整3天，3天后将瓶子盖好，邮寄到Pro-Lab公司，该公司有经过认证的可进行此类测试的实验室。测试费用为30美元，你可以在10～14天后拿到结果。

测试结果显示，平均每升气体的氡含量为2.1皮居里（pCi/L），一项测试低至每升1.8皮居里，一项测试为每升2.4皮居里。鉴于两个采样点之间的距离只有6英寸（约15厘米），这一发现很让人好奇，因为一个采样点高出了33%。

如果氡的水平为每升4皮居里或更高，美国环境保护局会建议你"维修你的家"。我收到的电子邮件让我对测试结果有所了解："美国房屋中氡的平均水平为1.3皮居里。水平低于每升4皮居里仍存在危险，在许多情况下该数值可能会降低。你应该在一年内对住宅进行重新测试，以确保氡持续保持较低水平。"美国环境保护局信息指南还列出了吸烟者和非吸烟者终生接触氡所带来的肺癌风险。那我们家的每升2皮居里是什么水平呢？作为不吸烟者，我们在该水平下罹患肺癌的风险是0.4%，相当于死于中毒的风险。这似乎不算太糟，但显然，要使氡水平低于每升2皮居里可能非常困难。

设备室中的被动式氡通风系统

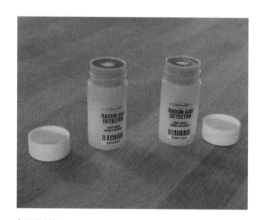

氡测试瓶

明尼阿波利斯有许多住宅的氡测试结果显示较高，据该地区的一名房地产经纪人说，解决这个问题的成本约为1500美元。此外，每年还要花40美元购买测试套件和化验结果，以确保你的房屋不会害死家人。

空气过滤

在空气方面，你是想做得更好还是想做到最好？LEED的这一项得分是针对空气过滤，属于"污染源控制"类别，假设我们不能完全成功地减少污染源，毕竟我们的房子里住着四口人和两只猫（小龙虾、奇怪的小水蛙、寄居蟹或豚鼠都没算在内，因为它们的寿命很短）。

空气过滤的前提条件是安装好的空气过滤器，较好的过滤器得1分，最好的过滤器得2分。目的很显然是为了过滤空气，但是该从什么东西入手呢？这种东西称为"微粒物质"，虽然我们看不到这种漂浮于空气中的物质，但是我们将其吸入体内之后，会对健康产生不利影响。特别是在高速公路附近的住宅、有宠物的家庭，或任何对粉尘或花粉过敏的人，空气过滤器都可以发挥很大的作用（只需要定期更换滤芯即可）。

空气过滤器有所谓的MERV等级，从1到16级。MERV为最低效率报告值（Minimum Efficiency Reporting Value），MERV等级越高，过滤器去除空气中微粒的效率越高。最常见的MERV过滤器的等级为8；医院中的关键区域使用的过滤器等级为MERV 14。等级为MERV 8的过滤器可过滤掉人的头发、地毯纤维、尘螨和植物孢子。但是不能很好地过滤掉烟草的烟雾、雾霾、食用油和许多灰尘微粒。要去除这些微粒，必须至少达到MERV 11的等级。

如果批量购买，在家得宝连锁店有售的规格为20英寸×20英寸×1英寸的MERV 8过滤器零售价为8.97美元或更低。更高的价格通常会带来更高的等级——相同大小的MERV12级3M菲尔萃（Filtrete）空气净化器，目前在家得宝的售价为19.97美元，因此你必须权衡洁净空气的价值与你的预算。

LEED评分对MERV等级的先决条件是至少达到8级；如果安装MERV 10以上的空气过滤器可得1分；安装MERV 13以上可得2分。[①]我们目前的空气过滤器的等级为MERV 11，这使我们获得LEED 1分，并且轻松满足先决条件。

---

① *LEED for Homes Reference Guide*, 311.

但是关于此项得分有一个忠告：拥有一个真正的HEPA过滤器（High efficiency particulate air Filter，即高效空气过滤器，不是"HEPA类型"的过滤器）等同于MERV 16等级，可以获得2分。空气过滤是我们拥有健康家园这一目标的重要组成部分，因此我们购买了全屋HEPA过滤器，该设备由Pure Air Systems公司提供，可以去除99.97%的微粒物。美国肺脏协会也建议这样做。

因为我们住在明尼苏达州，一年中有好几个月都不会打开窗户。在冬季，室内空气很快就会变得污浊，因此气味也会变得很糟！HEPA过滤器可确保将室内空气变成真正干净的空气。但这样一来费用增加了1500美元。LEED的2分对我们来说是一个额外的奖励，因为无论如何我们都会购买HEPA过滤器。对于我而言，为获得良好的空气进行投资是一种预防性卫生保健，就像每年去看医生一样。

室外空气通风

首先确保只有零排放和低排放的产品进入你的房屋，以便减少污染物的来源，然后尝试通过空气过滤控制污染物的源头，LEED得分项还给出了第三个策略：稀释。利用室外空气进行通风绝对是健康家庭的基石。不过，这是在能源效率方面的权衡，因为通风需要消耗能源。《LEED住宅参考指南》也认可这种权衡：从健康的角度来看，重要的是不要使房屋通风不足。同时，从能耗的角度来看，重要的是不要过度通风。

这项LEED得分包括三个部分：基本的室外空气通风（先决条件）、增强的室外空气通风（2分）和第三方测试（1分）。先决条件是暖通空调承包商应遵循ASHRAE标准62.2-2007中第4节和第7节的要求（《LEED住宅参考指南》的最新版本引用了ASHRAE标准62.2-2010）。位于温和气候地区的住宅可以不用遵循该标准；但明尼苏达州并不完全是温和气候地区，因此我们也不能幸免。该标准都规定了什么呢？它规定了各种规格的住宅对应的最小气流水平。对于我们的住宅，至少需要105 CFM（立方英尺每分钟）的气流。有多种策略可以满足此先决条件：仅排气通风（不适用于炎热和潮湿的气候地区）、仅供气通风（不适用于寒冷气候地区），以及同时具有供气和排气风扇的平衡通风，如此可确保室内和室外之间的空气交换。由于我们生活在气候既热又冷的地区，因此平衡通风系统效果最佳。我们的变速风扇设备有额定值为575 CFM的连续鼓风机，远远超过规定要求的最小值105 CFM。这是否意味着我们的系统规模过大并会造成能源浪费？有可能，但是我不知道这个问题该怎么解决！

为了增强室外空气通风，我们需要安装HRV或ERV。HRV（Heat Recovery Ventilator）是一种热回收通风机；ERV（Energy Recovery Ventilator）是一种能量回收通风机。HRV和ERV都向室内提供空气并向室外排出旧的空气，同时从排出的空气中回收热量。区别在于HRV仅传递热量，ERV传递热量和湿气。

我们有一个温玛牌（Venmar）热回收通风机。我喜欢将其视为空气预热器。如果你在隆冬时节启动整个房屋的通风系统引入室外空气（这对于家庭健康是有好处的），那将是冷空气，将其加热需要大量能量。但是，如果冷空气先穿过有热风的管道系统，则会被预热，然后再进入加热管，最后加热管再将空气加热到设定温度。听起来很复杂？确实有那么一点儿，但是如果仔细思考一下，从效率的角度来看确实很有意义。从我们的角度来看，可以节省电费，因此我们希望拥有HRV，无论是否会得到LEED的2分。

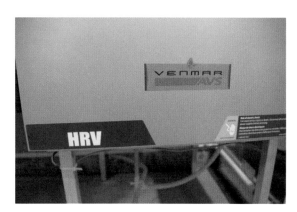

热回收通风机

室内植物有益健康

有一件事情LEED没有提及，但对室内空气健康很有帮助，那就是养植室内植物。植物可以充当去除污染物的天然空气通风器。美国宇航局对此现象进行了研究，研究表明植物不仅能够提供氧气，而且还可以很好地消除甲醛、苯和三氯乙烯。在总体净化性能方面排名前两位的植物是日本白鹤芋和菊花。其他表现出色的还有虎尾兰、英国常春藤、吊兰、竹棕榈和橡胶植物。[1]此外，植物还增加了房屋的美感，让它看上去更美丽（尽管这是个人喜好）。但是，根据美国消费产品安全委员会（CPSC）的报告，"没有证据表明拥

---

[1] B.C. Wolverton, Willard L. Douglas, and Keit Bounds, "A Study of Interior Landscape Plants for Indoor Air Pollution Abatement," July 1, 1989.

有数量众多的室内植物能够清除房屋中的大量污染物。"①因此，尽管室内植物可以提供帮助，但不应完全依靠它们获得健康的室内空气质量。

漂亮的菊花有助于过滤室内空气

---

① US Consumer Product Safety Commission, "The Inside Story: A Guide to Indoor Air Quality," https://www.cpsc.gov/Safety-Education/Safety-Guides/Home/The-Inside-Story-A-Guide-to-indoor-Air-Quality.

这也是一种质量保证方式，因为我们可以获得第三方测试这一项分数。来自社区能源联络部的绿色评级员吉米·斯帕克斯验证了我们的通风系统确实以至少105 CFM的速度流通了家中的空气，从而符合建筑规范。因此，我们的规划和设计因超过最小空气流量值而得到了2分，获得的另1分则证明它确实在有效工作。

无论是否有管道系统，你都需要使室内空气流通以保证家庭健康，比如安装吊扇、普通风扇或定期打开窗户。市场上还有其他可以有效去除微粒物的空气净化装置，但它们并不能去除气态污染物。

室外空气通风的另一个重要组成部分是在入住房屋前用新鲜空气冲净。如果房屋在入住前被新鲜空气冲净，则会得到LEED的1分。这必须在房屋的所有部分完成各个阶段的建造之后48小时内进行，方法是在运行暖通空调的系统风扇时打开所有窗户，之后暖通空调过滤器必须清洁或更换。我当时没有在家中进行这种"冲净"，但是我们的承包商总是理所当然地为客户这样做。它有助于清除建筑内部的灰尘和尘土，以及房屋内的不良空气。为此，我们又获得了1分。

在我们搬进来之前，室内的旧空气被"冲净"了

第 5 章

清洁的房屋

这是健康家庭的三个目标——清洁的空气、清洁的水和清洁的房屋中的第三个目标。本章将介绍两种策略：霉菌预防和污染物控制。LEED住宅评价体系在室内环境质量类别下系统性地给出了解决方法。本章还会涉及有关清洁用品的内容，因为清洁用品与住宅的设计和建造无关，LEED住宅评价体系并未对此进行介绍（但是，绿色的清洁策略和选购已在商业建筑评价体系——LEED既有建筑评价体系中得到应用）。我将其纳入本章，是因为它是健康家园的重要组成部分。

霉菌预防

我只有在周围有霉菌的时候才会出现呼吸问题，然后就会很痛苦。实际上，由于地下室中的霉菌过多，我们不得不拆除了原本只打算改建的房屋。与霉菌预防有关的LEED得分称为"湿度控制"，其范围比霉菌预防更为广泛。其目的是控制室内湿度水平，除了能够降低发霉的风险，还能增加舒适感和房屋的耐久性，这些都是非常重要的目标。我特别关注霉菌预防，不仅因为我个人不能忍受它，而且因为它会危害所有家人的健康。

霉菌是一个导致家庭不健康的主要问题，这是由于房屋中的水分过多造成的。根据霉菌专家介绍，"暴露在霉菌中会导致类似感冒的症状、呼吸系统问题、鼻窦充血、流泪、喉咙痛、咳嗽和皮肤刺激，还可能引发哮喘。儿童、老人、孕妇和呼吸道敏感的人受到霉菌的不良影响风险较高。如果你能闻到或看到霉菌，你的家里就有霉菌问题。由于人们对霉菌会产生不良反应，不管它是活的还是死的，都必须将其清除。"[1]

　　为了控制湿度并防止发霉，LEED要求我们安装能将相对湿度保持在60%或以下的除湿设备。我们可以通过添置额外的系统或在除湿模式下安装中央暖通空调系统实现这一点。明尼阿波利斯的冬天非常干燥，夏天非常潮湿，因此我们的承包商绝对会注意控制室内湿度。我们拥有富思特（First）公司制造的VMB-HW系列变速四管液压循环风机盘管空气处理装置。仅仅从其产品名称中就能看出功效!其特点之一是能更有效地控制湿度。产品说明书上写道："VMB-HW的设计目的是通过减慢冷却盘管上的气流从空气中吸收比传统通风系统更多的水分，从而在较高的室内温度下提高夏季的舒适度。"

　　我们还有一个霍尼韦尔（Honeywell）公司的VisionPRO IAQ程控恒温器，使我们可以控制家中的湿度水平。尽管不需要做到这么极致，但程控恒温器可以提高能源利用率，因为可以将其设置为没人在家时减少运行，从而节省了能源。

　　下表提供了《LEED住宅参考指南》中的最佳信息，显示了夏季温度下的最大舒适湿度，这有助于我们设置程控恒温器：

室内温度 （℉）	相对湿度（%） （最大舒适度）
70（约21℃）	76
74（约23℃）	66
78（约26℃）	58
82（约28℃）	50

　　在冬季，最佳做法是将相对湿度保持在25%～45%。在明尼苏达州，这很难做到，因为在极地涡旋期间，门把手和窗台上会积聚大量的冷凝水。然而，该表仍是一个舒适家庭的优秀指南。与之前其他的努力相比，我们为获得这个LEED得分付出了更多的钱，但无论是否获得LEED得分，拥有舒适、无霉菌、耐久的房屋都是我们的首要任务。

---

[1] Kenneth Hellevang, PhD, *Keep Your Home Healthy*, North Dakota State University Extension Service, 2003.

污染物控制

控制污染物就像控制清洁空气的源头一样，但它针对的是实际的污垢而不是无形的空气污染。如果你做到以下事项，就会获得"污染物控制"的LEED得分：

- 在每个入口处设计和安装永久性脚踏垫，其长度至少为4英尺（约1.2米），且便于清洁。
- 在主要入口附近设计一个用来脱鞋和存储鞋的空间，与起居区分开。该空间可以没有覆盖住全部地面的地毯，但必须足够大，能够容纳一条长凳和每间卧室用的至少两双鞋。
- 安装能向室外排气的中央吸尘系统，并确保排气口在通风口附近。[①]

以上这些为什么很重要？根据《LEED住宅参考指南》，"房屋中的大部分污垢和灰尘都是随住户进入室内的。鞋子带入房屋的碎屑中通常含有铅、石棉、杀虫剂和其他有害物质。鞋子还会将湿气带入家里，导致入口通道附近的地毯滋生霉菌……减少室内污染物的最有效方法之一是进门就脱鞋。"[②]

这项LEED得分的伟大之处在于它鼓励在房屋的设计中设置玄关。建筑师为我们的房屋提出的第一个设计方案是不包括玄关的。但之后我们将其加到了车库旁边，并通过一条短而封闭的走廊使其与房屋相连，这便成为一种不错的、可行的设计。

玄关

为了满足上述LEED要求中的第一项，我们在每个入口处都放置了垫子，但它们不是永久性的，也不到4英尺（约1.2米）长。如图所示，我们满足了第二项LEED要求，因为这是我们整个项目的一部分。拥有带长凳的脱鞋空间也是使玄关能很好发挥作用的原因。

我们没有为满足第三项LEED要求而安装中央吸尘系统。起初为了获得这项LEED得分，我们将其包含在房屋

---

① *LEED for Homes Reference Guide*, 315.
② *LEED for Homes Reference Guide*, 318.

的初始计划中，但在削减成本的过程中将其移除。事实证明，几乎没有足够的空间容纳墙壁内的管道系统和电线，更不用说吸尘管了。在墙内安装这些管道的额外费用对我们而言并不值得。另外，我在一个有中央吸尘器的家庭里长大，妈妈总是抱怨拖拉吸尘器的长软管干活多么不方便。在拐角处，弯曲的管线总是会弄脏或剥落油漆。唯一有趣的是打开墙壁上的吸尘孔，让它将姐姐的马尾夹吸附到梦幻岛上。我只后悔我剥夺了女儿们同样的快乐。

总的来说，我们在控制室内污染物方面获得了1分的LEED得分。但是，像其他得分一样，我们的成功很大程度上取决于家庭生活方式。比如，是否执行脱鞋规定？我们试过了。上楼是不允许穿鞋的，因为那里到处都铺着地毯，地毯比地面还难以打扫。对于家庭成员来说，进入首层要脱鞋是强制的，但对客人则更宽容。因为似乎有人对被要求脱鞋感到受辱。为了鼓励人们脱鞋，我们在门口附近放了一篮子非常柔软、舒适、干净、均码的毛绒袜子。冬天时，我会将袜子提供给客人穿。实际上，每个人都非常感谢我的努力，但除了我的父母，他们仍然不肯脱鞋。

车库也是污染物的来源之一，因为汽车会泄漏液体，也会从街道上带入各种污垢。车库同时也是一氧化碳等不健康排放物的来源。LEED要求，作为室内空气质量衡量标准的一部分，车库中不得有与家庭相连的暖通空调（供暖、通风、空调）系统。我们很容易遵守这项要求（显然，在某些地区，业主通常在车库中安装暖通空调设备，因此满足该先决条件可能需要进行重大的设计变更）。

一篮子毛绒袜子，以鼓励客人脱鞋

LEED也为没有车库或独立车库提供了3分的得分。我们不能没有车库，因为明尼阿波利斯的冬天太严酷了。在最初的设计中，建筑师勾勒出了一个独立的车库，因为他更喜欢没有车库的住宅规模。我从美观的角度表示同意。然而，我认为居住在寒冷气候中的任何人都会认同，从舒适性、便利性和宜居性的角度来看，一个非独立车库会产生巨大的不同。因此，对于像我们这样拥有连体式车库的业主，如果要将污染物和汽车尾气拒之门外，必须将车库和房屋之间的所有共用表面都严密密封，并在车库旁的门上设置密封条，在车库附近的房间安装一氧化碳探测器。由于这些措施，我们获得了2分的LEED得分。

健康家居清洁用品

实际上，没有人会去买商店货架上毒性最强的清洁用品——我们只是想完成家务而已。强力的化学产品可以很好地完成清洁工作，这也是这些清洁用品的营销噱头。但是，家用清洁剂会有哪些问题呢？大体答案是，目前市场上至少有83000种化学用品，而且它们没有得到良好的监管。接触化学物质会导致健康问题，例如癌症、先天缺陷、哮喘、过敏、皮肤不良反应和生殖系统疾病。有时，（急性）疾病是由于过度接触引起的，这是一种可以引发慢性疾病的即时一次性反应。有时，疾病来自长期接触，会随着时间的推移而累积。问题是，我们并不知情！

清洁用品的种类太多了！

建造一个可持续的家园

这是为什么？首先，清洁用品的化学成分一般不对外公开。与包装食品、化妆品和个人护理产品的制造商不同，清洁用品的制造商不需要在产品标签上列出化学成分（尽管很多制造商坚持这样做）。其次，即使我们知道成分，也很难进行控制实验，因为存在太多不受控制的变量（我们一生中不会只接触一种化学物质），而且通常不会对人体进行实验。

美国国会于1976年通过了《有毒物质控制法》，从而制定了规范化学品安全的立法。自那时起，该法案一直通过美国环境保护局管理化学品。美国环境保护局自身也认识到当前的化学品管理办法需要加强。[1]简而言之，美国环境保护局只有在证明化学品不安全的情况下才可以限制它的使用，但实现这一过程需要时间、金钱和难以获得的数据。

许多人争辩说，除非证明化学品是安全的，否则美国环境保护局不应该允许其出现在家用产品中。这是防范原则的一个例子，同时也是欧盟管理化学品的准则。但这不是美国的国情。因此，我们需要自己了解哪些产品是安全的，哪些产品应该避免。但是货架上的产品琳琅满目，该怎么选择呢？

我过去依赖的数据是美国环境工作组（EWG）的在线"健康清洁指南"。该指南为2500多种产品、197个品牌和1000多种成分提供了信息和安全评估，种类包括通用清洁剂、洗衣粉、洗涤灵、地板护理以及浴室、厨房和家具清洁剂。

美国环境工作组将产品按其最终得分翻译成大多数读者熟悉的字母等级。"A"表示对健康和环境的毒性极低，并且其大量成分已被披露。"F"表示该产品有剧毒或几乎不披露任何成分。"C"表示普通清洁剂，不会造成明显危害，并披露其中一部分成分。

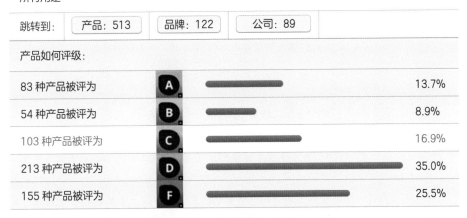

美国环境工作组对所有通用清洁剂的评级。资料来源：EWG.org

---

① US Environmental Protection Agency, "Essential Principles for Reform of Chemicals Management Legislation."

美国环境工作组的《健康清洁指南》发布了在513种通用清洁剂上的测试结果。令人不安的是，超过60%的产品获得D或F，只有22%的产品获得B或A（请注意，美国环境工作组并未对清洁剂的有效性进行测试或评分）。

所以，我们能对此做些什么呢？一种解决方案是自己制作清洁剂。我喜欢在家中制作的通用清洁剂需要以下材料：

- 干净的16盎司（1盎司约为30毫升）容量的触发喷雾瓶（或32盎司容量的喷雾瓶并搭配以下双倍的配方）；
- 1茶匙硼砂；
- 2汤匙醋；
- 1/4杯家用皂液或者布朗博士牌（Dr. Bronner）的肥皂；
- 柠檬、茶树或薰衣草精油（非必要）；
- 热水（足够灌满喷雾瓶的量）。

制作方法：

1. 将醋和硼砂混合在喷雾瓶中；
2. 将瓶子装满约一半的水，摇匀使硼砂溶解；
3. 加入皂液；
4. 非必要：加入5～10滴精油（我喜欢薰衣草味的）；
5. 将瓶子装满水并轻轻晃动。

自己制作的清洁剂可以确保你知道其中包含哪些成分，另一个好处是它可以帮你省钱。虽然所有材料的购买费用大约在20美元左右，但数年之内你都无需再购买4.99美元一瓶的多功能清洁剂了。以下是我计算的数据：

- 喷雾瓶：网购1.83美元；
- 硼砂：在塔吉特（Target）超市以3.99美元可以买到12盎司；
- 醋：在沃尔玛超市以1.64美元可以买到32盎司亨氏牌醋；
- 皂液：在全食（Whole Foods）超市以11.99美元可以买到32盎司的布朗博士牌皂液。

使用这些材料，你可以制作装满16个喷雾瓶的量，还会有大量的硼砂和醋剩余！每瓶成本仅要1.21美元，并且当你重复使用喷雾瓶时，成本还将继续下降，从而有助于减少浪费。

对于其他类型的清洁剂，美国肺脏协会健康之家的建议包括以下几点：

- 将一份柠檬汁与两份植物油混合，即可制成家具和地板抛光剂；

- 使用小苏打与水的溶液清洁烤箱，这种方法既健康又有效；

- 用小苏打去除地毯异味；

- 如果需要清洁马桶，可倒入一杯醋，放置过夜，第二天再刷洗。

但是，让我们面对现实吧：许多人真的没有时间或意愿自制清洁剂。那么现在又该怎么办？许多清洁用品都具有"绿色"标签认证。"绿印章"和"环境选择"（Environmental Choice）计划，这两种环保标志（Ecologo）是商业清洁用品行业中两个较著名的认证，它们对我们的健康和环境有最严格的要求。"绿印章"的产品认证十分可靠：它仅认证完全符合其标准的产品，涵盖了产品的所有环境和健康属性；除了健康方面的高标准，"绿印章"还看重制造过程中的能源和水利用率、包装材料中的可循环利用成分、产品营销模式和产品标签；最重要的是，能够证明该产品的性能等同或优于同类产品中的非绿色产品。不幸的是，只有少量家用产品带有"绿印章"。

针对家用清洁剂和工业清洁剂，美国环境保护局在2005年左右根据自己的产品安全标准制定了一项认证计划。该标签以前称为"环境设计"（Design for the Environment，DfE），在2015年改为"安心之选"（Safer Choice）标签。"安心之选"标签需要进行年度审核，因此它是最新的。

尽管每种认证方法都值得关注，并拥有自己的在线数据库搜索产品，但查找过程仍然很耗时且困难。而且不幸的是，许

安全清洁用品的标签

多家用清洁用品没有任何认证。由于该认证对其在塔吉特和沃尔玛超市的销售来讲没有太大帮助，所以在售的清洁剂不胜枚举，并且美国环境工作组的数据库可能很难访问，因此我自己做了一些研究——获得A和B评分的品牌可以放心购买，其他大多数获得D和F评分的品牌则要避免购买。

在美国环境工作组得分较高的多功能清洁剂品牌（多数得分为A和B）包括Biokleen、Bon Ami、Ecover、Green Shield、Ballard Organics、Dr. Bronner's、Whole Foods、Arm & Hammer和Seventh Generation。在美国环境工作组得分较低的多功能清洁剂品牌（多数得分为D和F）包括Clorox/Formula 409、Method、Green Works、Mr. Clean、Windex、Up & Up、Faburoso、Pine Sol（在"消费者报告"网站中获得了最高的有效性评级）、Soft Scrub、Scrubbing Bubbles，以及Spic和Span。

那么"简绿"（Simple Green）这个品牌的产品是否安全呢？"简绿"的通用清洁剂得分为F，但同时获得了美国环境保护局的"安心之选"标签。怎么会这样呢？深入研究后，我发现美国环境工作组给"简绿"的通用清洁剂评分如此低，是由于其主要成分为2-丁氧基乙

醇（一种有害化学物质）。但是，在"简绿"的网站上，未将2-丁氧基乙醇列为其产品成分，也未在安全数据表中将其列出。我直接与简绿公司联络，研发副总裁卡罗尔·查平（Carol Chapin）确认了其配方在2012年发生了变化。根据加利福尼亚州的法律，他们已经有6年没有使用2-丁氧基乙醇了，因此"简绿"在2016年获得了美国环境保护局"安心之选"标签。因此，我联系了美国环境工作组，让他们知道自2012年以来他们的数据库是不正确的。他们的回应是，虽然他们已经尽最大努力更新产品信息，还是建议我应参考清洁用品公司的网站以获取最新的成分列表。这使我相信，美国环境工作组数据库的内容可能会有更多不准确的信息，因为制造商会改进产品以满足消费者的需求，同时也是为了遵守法规。那么该如何保持一个清醒的头脑呢？因为不能完全依靠互联网上的信息，所以要依靠和相信自己。

这是一个令人困惑的话题，所以我尝试着总结一下。首先，阅读产品标签。如果它具有美国环境保护局编号，则归类为农药，因此请谨慎使用。如果上面写着"危害"或"危险！"，则要当心！其次，尽量避免使用危险的化学产品。大约80%～90%的家庭清洁工作无需化学品即可完成。但有时清洁很脏的东西时，我们需要用强劲的清洁剂。当有此需要时，请仅购买和使用满足需要的产品，并将其存放在儿童无法接触的地方。也不要在宠物附近使用它，并遵照说明正确使用。最后，请相信你的鼻子，尽量采用不含香气的清洁剂。如果该产品闻起来不好，那它可能对健康不利。如果闻起来会使眼睛流泪或皮肤瘙痒，不如为自己省去一个麻烦，请不要将其带入家中。

值得庆幸的是，加利福尼亚州于2017年10月颁布了《清洁用品知情权法》，使加利福尼亚州成为第一个要求对清洁用品的所有成分进行标注的州（该法案于2020年生效，从2021年开始产品成分会注明在标签上）。由于加利福尼亚州人口众多，该法律将推动整个美国制造业和产品成分披露的变革。但这一举措会使消费者更容易选择更健康的家用清洁剂吗？我们只能说希望如此。

健康家庭的费用和意义

更环保的选择	费用	意义
全屋水过滤系统和RO／DI过滤系统	1500~3000美元，加上每年的过滤芯更换；节省了购买瓶装水的费用 **中等偏贵**	最重要的健康家庭策略 **尽你所能**
空气过滤等级要超过MERV 8，至少达到MERV 11	每个过滤器多花费约10美元（HEPA过滤器成本更高） **低成本**	改善室内空气质量 **很有意义**
HRV（热回收通风机）	每台价格在500~1000美元，安装费另算 **高成本**	如果是寒冷气候，节能效果可以使它很值。如果是温暖气候，请使用标准通风系统 **取决于气候**
指定购买带有NAUF或TSCA Title VI compliant标记的橱柜	当时对我们来说成本很高；现在价格应该没有什么不同 **无增量成本**	确保与脲甲醛无接触。 **一定要做到！**
指定无挥发性有机化合物和低挥发性有机化合物的涂料、饰面和密封剂	**无增量成本**	减少接触不健康的挥发性有机化合物 **一定要做到！**
CRI"绿标签+"认证的地毯和地毯垫，FloorScore认证的铺地材料	**无增量成本** （取决于和其他产品相比）	**一定要做到！**
氡测试	购买试剂盒和检测服务的费用为40美元（减少氡的费用可能更高，约1500美元） **低成本**	氡气是一种有毒气体 **一定要做到！**
进门需要脱鞋	**无成本**	**一定要做到！**
中央吸尘器	至少1000美元 **更高成本**	**不是很有意义**
自制通用清洁剂	所有材料需花费20美元；能装满16个瓶子的量；省钱 **低成本**	**如果有时间就做！**

图片来源：Unsplash网站的用户Modison Kominski

第二部分

为了我们的财富

人们的价值观在做正确的事和从中获利之间存在着有趣的二分法。那些投资可持续技术[如太阳能电池板、驾驶普锐斯（Prius）汽车或在全食超市购物等]的人（通常称为文化创意人士）这么做不是为了省钱，如果说是为了经济利益，他们会感到被冒犯了。当我问Living Homes公司[①]的史蒂夫·格伦（Steve Glenn）关于他所开发的房屋的低运营成本是否会带来什么有趣的财务回报时，他回答说："不，这根本与经济利益无关，这么做是基于我的价值观。我们房屋的能源费用确实极低，但我们的销售回报不高。这是一种基于价值观的销售。"这就使我产生疑问：是否应该在本书中略过这一部分。但我还是坚持了自己的观点，因为省钱确实很重要。

任何怀疑对可持续性进行投资可以节省大量资金的人，只需阅读爱德华·休姆斯（Edward Humes）和迈克尔·昆兰（Michael Quinlan）合著的《自然之力：沃尔玛绿色革命的离奇故事》（*Force of Nature: The Unlikely Story of Walmart's Green Revolution*）就能知道真相了。沃尔玛的使命是成为低成本消费品的供应商，因此他们非常在意省钱。全书致力于说服读者在实现可持续发展的同时获得更大的收益，这两个目标并不相互排斥。[②]

沃尔玛一直因其在可持续发展方面的努力而受到批评，人们称其这么做只是为了省钱。我认为这个观点是不公平的。为什么不可以全力拥抱双重利益呢？节省自然资源，减少污染，同时又能节省资金。沃尔玛的努力正在其供应链上下游产生连锁反应。其他公司也开始效仿，因为他们也看到了这么做的好处。

在我的咨询工作中，我分析了客户通过LEED既有建筑认证前后的支出，他们总是关注经济上的回报，表明该投资物有所值。我自己进行了分析，并阅读了大量显示可持续投资能够产生正面回报的研究，我认为已经可以整天向首席财务官们推销LEED认证了。锦上添花的是，他们可以汇报、推销和宣传其对可持续性的承诺。但我仍看到投资者不愿相信可持续性的经济利益。客户不是为了节省开支而这样做；他们这样做要么是出于营销或许可的目的吸引员工，要么是因为这是"应该做的事"。经济利益只是锦上添花，而不是最初投资的首要理由。这样没什么不好，但因为对经济收益缺乏更深入的了解，"可持续性倡议"通常是第一个被削减预算的项目。

我想通过减少我们房屋的能源费用（电和煤气费）、水费（室内和室外使用）以及维护和维修费用（属于"耐久性"）的方式，以了解对可持续技术进行投资的回报将会以什么形式和程度体现。如果没有用于比较的前后数据，我们将永远无法确定如果不进行该投资，我们的账单会有什么变化。但是也有其他方法确定节余，我将在以下3章——能源、用水效率和耐久性中写到。

通常，业主认为建造绿色房屋只是一项额外的支出，但是随着时间的推移，房屋产生长期开销时，你几乎无法承担不建造绿色房屋的费用。实际上，你不必有任何环境上的顾虑就能从

---

① 史蒂夫·格伦建造并居住在世界上第一批LEED铂金级住宅中。他是Living Homes公司的创始人，这是一家位于洛杉矶的设计和建造获得LEED认证的现代预制住宅的公司，详见LivingHomes.net。

② 有关其他成功案例，请参见 Daniel C. Esty and P.J. Simmons, *The Green to Gold Business Playbook: How to Implement Sustainability Practices for Bottom-Line Results in Every Business Function*（Hoboken, NJ: John Wiley & Sons, 2011）。

本书的这一部分获益，因为我想你确实更在乎你的银行账户。话虽如此，成本和收益会因我们的经济性质、燃料成本、地理和气候差异等因素而有所不同。由于变量太多，我提供了能够让你自行分析的工具，以便你可以得出自己的结论。

如何进行成本效益分析

任何成本效益分析中，第一条经验法则是将成本和收益与被视为"标准"的建设惯例进行比较。对于我自己的房屋，我们要求对"绿色"优先事项进行交替投标，以便于理解它的成本。你必须知道你在比较什么，否则你什么都算不出来。

下一条规则，也是关键的一条，就是只关注每个类别中的增量成本和收益。请注意，我仅指那些可以量化的财务成本和收益指标。所以，如果你要建造新房并且必须购买一个完整的暖通空调系统，则你只想知道花多少钱才能购买一个更高效的系统，这只是初始成本，任何的额外费用（例如维护或更换部件）也需要包括在内。但这同样只会增量到你用来比较的选择上。

在收益方面，你的承包商应该能够告诉你在电费或燃气费（或两者都有）、水费、维修和/或更换费用这几个方面可节省的一个百分比或具体金额。为此，你需要查看你的公用事业和维护账单，并算出每年的平均费用（如果你只关注一个月，它会由于天气变化而出现偏差）。例如，如果你认为可以在能源账单上节省30%，且你每年支付2000美元的燃气和电费，那么你每年的增量收益将是600美元。

以下是这个例子的简单投资回报分析：如果前期投资多花了6000美元，则你的投资回报期将为10年，因为你每年可以节省600美元。如果为你的投资融资，若贷款本金和利息少于可节省的能源，你可以在第一年就获得正的现金流。然而，投资回报分析很不全面，因为你无法从真正意义上将这个项目与其他项目进行比较。例如，如果后者的收益继续改善而前者的收益减少或消失，则3年的回报并不一定比10年的更好。

那么其他难以量化的收益，例如更少的污染或更安静的家呢？总会有无法直接衡量的收益，这些收益通常与我们的情绪联系在一起，最终推动我们做出这样或那样的决定。许多绿色投资的美妙之处在于，它们实际是财务上的一个不错的决定，这有助于说服我们的内心，告诉我们无论如何都要这么做，无论是为了减少浪费还是减少对化石燃料的依赖。如此，这些投资既充实了我们的银行账户，又充实了我们的心灵。

相反，进行绿色房屋投资的障碍之一是人们认为必须在财务上合理，而我们为自己的家购买的许多其他物品在财务上都不合理。比如，明亮又通风的厨房会带来什么好处？柔软舒适的沙发有什么经济利益？答案都是没有，只因我们更喜欢它们。理所当然，人类的情感可以成为充足的理由（请参阅第三部分"为了我们的心灵"）。

图片来源：Unsplash网站的用户Nagy Arnold

涉及能源的技术问题都很麻烦！先来搞明白什么是千瓦时吧。

——我母亲

　　根据美国环境保护局的数据，为了达到理想的性能和舒适水平，美国家庭所消耗的能源比所需的多30%。这是一大笔浪费，浪费了金钱和资源，加剧了污染。

　　那么，该如何着手解决这个问题呢？大多数家庭要缴电费和燃气费。通常，燃气用于取暖和加热水。电力用于空调、通风以及为电器、照明和电子设备供电。你上次查看电费账单是什么时候（除了只看金额外）？你能够理解账单上的信息吗？你知道你用掉了多少电吗？尽管有各种各样的收费方式，但大多数情况下会根据所用的千瓦时（kWh）来收费。平均每个家庭每月耗电约700千瓦时，每年在电费上花费约2000美元。[①]那么，你都将电用到什么地方了？

　　为什么要关心这些？当我们使用天然气时，房屋里正在燃烧的是化石燃料。当我们使用电力时，会间接燃烧化石燃料，具体取决于你居住的地方和为你家提供能源的公用事业服务部门。在明尼苏达州，通过埃克西尔能源公司（Xcel Energy），过去约有60%~70%的电力来自燃烧煤炭。得益于埃克西尔公司为实现其可再生能源目标而做出的努力，到2017年，这一比例下降至约39%（其余是核能、水能、太阳能和风能的混合）。

---

① US Department of Energy's Residential Program Solution Center, "Energy Data Facts," https://rpsc.energy.gov/energy-data-facts.

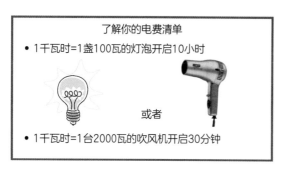

了解你的电费清单
- 1千瓦时=1盏100瓦的灯泡开启10小时

或者

- 1千瓦时=1台2000瓦的吹风机开启30分钟

什么是千瓦时？

燃烧化石燃料有什么错？毕竟，煤炭和天然气在美国是储量丰富的资源。以下是化石燃料燃烧时释放到空气中的物质：

- 细颗粒物，尤其是煤炭中的细颗粒物。它会导致呼吸系统疾病、哮喘以及产生雾霾，这些都会让外出变得不健康。

- 重金属，包括汞。你听说过"像疯帽匠一样的人"这句俗语吗？据说以前制作毡帽的人会使用汞，但汞伤害了他们的大脑，使他们发疯。不管怎样，这就是"疯帽匠"的故事。有确凿的科学证据表明，汞会造成神经损伤。

- 二氧化碳（CO_2）的排放量占温室气体总量的83%，是造成全球气候变化的重要因素。发电是化石燃料燃烧产生二氧化碳的最大单一来源（更多有关此类古怪的数据，请查看美国环境保护局发布的美国温室气体排放和沉降清单报告）。

你可能已经看过相关广告，称天然气是清洁的，对吗？不完全是。根据美国环境保护局的数据，与燃煤发电产生的平均空气排放量相比，电厂中燃烧天然气产生的二氧化碳排放量减少了一半，氮氧化物（造成雾霾、

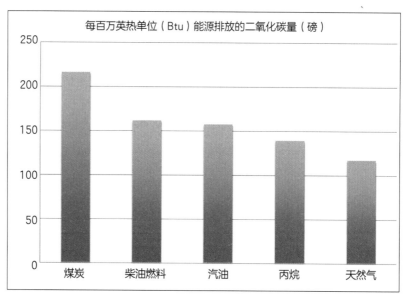

化石燃料比较：天然气不是很清洁的能源
数据来源：美国能源信息管理局

建造一个可持续的家园

呼吸系统疾病、酸雨的原因）的排放量不到三分之一，以及1%的硫氧化物（也是造成雾霾、呼吸系统疾病和酸雨的原因）排放量。而且，天然气在提取、处理和运输到电厂的过程中还会产生额外的排放。因此，尽管目前天然气排放量比煤更清洁一些，但天然气仍是化石燃料，而随着太阳能和风能等可再生技术的提高，电力可以变得越来越清洁。

需要特别说明的一点是，即使你不确定他们是否会对气候产生影响[1]，使用化石燃料仍然会污染空气。我希望大多数人都来关心减少空气污染，以便孩子们（和成年人）可以在户外玩耍。另外，关心降低能耗的另一个原因很简单：你可以省钱。

通常，当人们谈论绿色房屋时，首先想到的是节能。LEED的能源与大气类别在LEED住宅评价体系中占比最大，占总得分的28%。通过LEED认证的房屋在其整个使用寿命期间，平均可减少30%～40%的电力消耗，并节省超过100公吨的二氧化碳排放量。[2]

家庭的能源消耗方式可以很好地理解为三个基本类别：影响能源消耗的设计选择、消耗能源的设备选择以及可以在现场产生可再生能源的设计和设备选择。

首先，最能影响能源消耗但自身不消耗能源的四种策略是由房屋的最初建设方式决定的，包括房屋设计（尺寸和朝向）、窗户、保温以及房屋的整体密闭性或泄漏性（称为空气渗透）。这是最初的四个部分，是设计中所谓"被动式房屋"的主要变量。根据《LEED住宅参考指南》，房屋损失和获得热量的大约四分之一归因于窗户，另外四分之一是由于热量流入和流出保温的建筑围护结构，还有四分之一是由于空气流通穿过建筑物围护结构造成的泄漏。所以，这些组成部分占房屋热量损失和热量获取的75%，这对于我们做出正确的决定非常重要！

其次，在正常的家庭生活中，消耗能源的四类设备为：暖通空调（采暖、通风和空调）设备、热水系统、家用电器和照明设备，这些设备是接下来要讲的四个部分。对于家庭而言，能源费用会给家庭收支造成很大负担，特别是在明尼苏达州等气候更加极端的地区。那究竟是什么构成了家庭平均能耗呢？到目前为止，占最大比重的是给室内空间供暖、制冷和通风，这些占能耗的39%。下图显示了家庭能源使用的典型组成部分。

---

[1] 著名气候学家本·桑特尔（Ben Santer，也是非营利组织Climate Generation：A Will Steger Legacy的顾问委员会委员）在1995年的《国际植物保护公约》（IPPC）有关气候变化的报告中写了这样一句话："有证据显示，人类对全球气候有明显的影响。"科学是真实的，气候变化正在发生。

[2] *LEED for Homes Reference Guide*, 165.

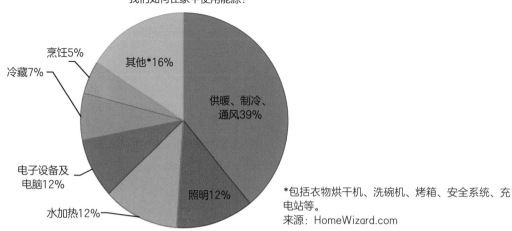

我们如何在家中使用能源？

其他*16%

供暖、制冷、通风39%

烹饪5%

冷藏7%

照明12%

电子设备及电脑12%

水加热12%

*包括衣物烘干机、洗碗机、烤箱、安全系统、充电站等。
来源：HomeWizard.com

再次，家庭是否使用可再生能源技术在现场为房屋提供能源：太阳能发电、太阳热能和风能，这是最后三个方面（地热不属于可再生能源，因为从技术层面上讲它是不可再生的，但它是一种能效选择，我将在暖通空调设备这部分对其进行讨论）。

LEED认证要求房屋达到或超过"能源之星"的性能。"能源之星"指的是电器的等级，例如，带有"能源之星"标签的冰箱，其设计目的是通过减少能源消耗来节约资金和保护环境。房屋自身也可以获得由美国能源部管理的"能源之星"，这意味着它的能效比普通房屋高出至少15%。在寒冷的气候中，通过LEED认证的先决条件是要比按能源标准建造的标准房屋的能效高出至少20%。

我们该如何判定是否满足此项要求？那就是我们必须获得HERS指数得分。HERS是家庭能源评价体系（Home Energy Rating System）的首字母缩写，该系统会量化房屋的能源表现，以便人们理解。分数从0到100：0分为净零能耗住宅，而与100分对应的是根据《国际能源节约规范》（IECC）（会不断发展和更新）建立的作为基准的"参考住宅"。HERS指数每降低1分，与参考住宅相比，相当于减少1%的能源消耗。

为了取得HERS的评级，我们必须聘请LEED认可的绿色评估员（照片中的人是评估员吉米，他正在对我们的炉罩进行测试）来对我们建造的房屋进行检查。他检查了我们房屋的朝向、保温、窗户的数量和大小、窗户的类型、暖通空调系统、电器和灯具。然后，我们一搬进去，他就进行了鼓风机门测试（用来测试门、窗等处的泄漏）以检测房屋的密封性，以及风管泄漏情况。他在自己的能源模型软件中输入了很多数据，包括面积、窗户与建筑面积的比值，以及上述提到的所有房屋组件，然后根据房屋的设计和构造得出了我们房屋的能效评级。

　　为了满足LEED的先决条件，我们房屋的得分必须要低于HERS等级的80分。我们获得的HERS分数为35，轻松低于80分的要求，并且在该类中获得了25.5分的LEED得分（超过获得LEED金级所需分数的四分之一）。HERS分数为35意味着我们的房屋消耗的能源是运作一个类似规模的参照房屋所需能源的35%。这是有意为之——如本章所述，我们主要关注的是能效投资，从长远来看可以节省我们的公用事业费用。但这只是能源模型，除非建造像我的房屋一样的参考房屋并以完全相同的方式来运作，否则就不可能真正知道准确的能效。因此，对于新建房屋，我们只需要相信能源模型，并假设我们的能源费用会比不这样做高65%就好了。

我们房屋的绿色评估员吉米·斯帕克斯正在对房屋进行检测

　　如果是改造现有房屋，你就可以去实际比较一下。例如，在2011年，经过我的劝说，我的父母购入了一台带有"能源之星"标签的新冰箱，替换了20世纪70年代中期购入的旧冰箱。接下来让我们来对此进行财务分析。旧冰箱每年需要消耗3054千瓦时的电量。根据美国能源部的评估，新冰箱每年会以474千瓦时的能效运行（冰箱的使用率很容易计算，因为与其他设备相比，冰箱始终处于开机状态，而冰箱以外的其他设备的运行是可变的，有时甚至是无法控制的）。这意味着我的父母因使用新冰箱每年节省了2580千瓦时。以每千瓦时9美分的价格计算，他们每年可以省出232美元的费用。他们的新冰箱价值800美元。如果用800除以232，则得出3.45。所以，在不到三年半的时间里，他们的冰箱购置费用已经通过每年节省的电费来支付了。而且随着电费的上涨，节省的费用会更多。[1]许多公用事业公司还将提供额外的财政激励措施，并把那些旧冰箱拖走。

　　在接下来的内容中讨论的所有策略共同为我们提供了一个好处：一个比同等大小的普通房屋节省65%能源的房屋。例如，将窗户与保温分开来进行成本/效益分析几乎是不可能的，因为它们不是独立的控制变量（类

---

[1] 一个在线冰箱计算器计算出更换一台旧冰箱能节省的费用。详见Energy Star Refrigerator calculator at www.energystar.gov/index.cfm? Fuseaction=refrig.calculator.

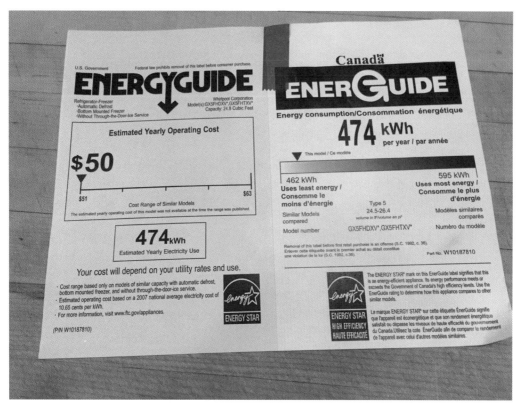

我父母新冰箱的"能源之星"评级

似的，LEED住宅评价体系为一个HERS评级提供了很多得分项，被称为"性能途径"。对于没有能力或不希望进行能源建模的项目，LEED提供的另一种选择是"规定性途径"，在保温、窗户、照明、电器等方面，项目都可以获得单独的LEED分数）。因此，我并没有为所有讨论的策略提供成本/收益分析，而是用一个结论来说明；其中有三个例外情况，即地源热泵、LED照明和太阳能，他们都各自具有可识别的成本和收益策略。

设计

> 设计是人类意图的第一个信号。
>
> ——威廉·麦克唐纳（William McDonough）

房屋的设计，主要是其尺寸和朝向对能耗的影响最大。为了解决这个问题，LEED评价体系根据房屋的尺寸调整了认证所需的分数阈值，并根据房屋朝向授予分数。

房屋尺寸

根据你的需求和愿望、地块的大小、周围的环境以及你的预算，确定房屋的合适尺寸是与建筑师反复尝试的过程。那么，我们如何确定需要、想要或负担得起的房屋面积呢？

回想起2006年7月，当我们与建筑师大卫·萨尔梅拉（David Salmela）见面并向他提出了一个计划：三间卧室和一间多功能的客房、一个大型开放式厨房、一个放钢琴的地方、一个远离卧室和普通房间的家庭办公室。最初的计划是房屋占地面积在5000平方英尺（约464.5平方米）以上。它满足了我们的所有要求，却让我辗转难眠，原因是我一直想象着自己的余生只是在努力布置、清洁和维护一所这么大的房子。然后我联想到了这么大的"绿色"房屋可能会招来的嘲笑，以及他人的批判，所以我们把房屋面积缩小了。这很容易实现，我们去掉了三楼的办公室，并且决定将客房搬到地下室。我们缩短了房屋的长度，将化妆间放在了盥洗间旁边。如此一来就显得好多了。

当时，我正在明尼苏达大学上可持续设计硕士课程（我是班里唯一的非建筑师）。我有幸向一些教职员工和学生介绍了我最初的设计（该课程中只有9个人），我想如果获得一些反馈，甚至是获得更多一些拿来即用的想法用于改进设计，那就太好了。我制定了计划，然后开始谈论房屋可以省的大量能源、水和材料，但是我并没有讲得太离谱。教授因为我想有一个大房子一事而对我严加指责："一个曾经适合四口之家居住的房屋的平均面积为1500平方英尺（约139平方米），而现在这一需求竟变成了大约2100平方英尺（约195平方米），这个社会到底怎么了？！"在接下来的20分钟里，她继续咆哮，分配给我的时间也结束了。她没有听到我接下来要说的内容，房屋中的一些面积是我的家庭办公室（不用上下班）、一些是未完工的地下室（艺术工作室或为大家庭提供休闲的额外空间），房子虽然宽敞，却几乎没有多余或奢侈的地方。

似乎有些人很难理解为什么比平均水平大的房屋会被视为是"绿色"的。的确，较小的房屋使用更少的材料和能源，两者节省了业主的前期投资，节省了水电、维护、家具、清洁等方面的开销，还节省了业主花费在布置家具和打扫大型房屋上的时间。所以，我们受到许多人的批评，他们认为不应该允许像我们这样大小的房屋获得LEED认证。

美国绿色建筑委员会并不参与这一判断；他们只是根据其定义的"中等"大小的房屋设计了具有可调整阈值的LEED住宅评价体系。《LEED住宅参考指南》解释说："随着房屋面积翻倍，能源消耗大约会增加四分之一，材料消耗大约增加一半。这相当于每增加一倍的房屋面积，其影响就会增加大约三分之一。"[1]根据LEED的定义，"中等"大小的四居室房屋面积为2600平方英尺（约241.5平方米）。我们的家大约有4800平方英尺（约446平方米），有4间卧室，因此我们必须在每个得分阈值上增加16.5个点，这使得获得LEED认证更加困难。但这一标准很公平。

我的观点是，任何大小的房屋都可以包含绿色功能，即使它占地很大，该房屋对世界的贡献也比没有绿色功能的房屋更大。LEED评价体系并没有武断地说："任何大于2600平方英尺的房屋都不是绿色的。"但如果LEED这么规定又有什么好处呢？实际上这会带来坏处：它将疏远那些负担得起大房子的人，这些人同样也是负担得起新绿色技术的人。这就是我们需要的：越来越多的人有能力负担得起绿色技术并付诸实施，从而使需求上升，成本下降，最后更多的人可以负担得起绿色技术。

房屋朝向

下一个需要考虑的主要问题是房屋的朝向，即房屋面向太阳的方向，以及多少窗户和遮阳设计有助于减少夏季的制冷和冬季的供暖需求。许多在空调技术普及之前的老旧房屋其朝向和设计都利用了自然物理定律，这意味着它们的设计是为了在寒冷的季节给室内引入阳光和温暖，而在炎热的季节则要遮阳。

要获得1分的LEED得分，必须将房屋沿着东西轴线，从被动和主动的角度充分利用阳光。大部分窗户必须位于房屋的北侧和南侧，并且至少90%的朝南窗户必须在夏至（6月21日）时要完全遮阳，而在冬至（12月21日）时则不需要遮阳。

因为我们的房屋正对着一个湖，所以我们显然想朝向那里，以充分利用这一景观（之前这块地上的房屋奇怪地位于对角线方向）。湖在正东，所以我们的家需要坐落在南北轴线上，但这不是被动式太阳能的建议方向。如果真的想做一个被动式太阳能住宅，我们的视野将主要是邻居，一栋仿意大利文艺复兴风格的房屋。我们认为，为了获得1分的LEED得分而放弃湖景、换成面对邻居家是不值得的，也不值得换取被动式太阳能的好处。

我们确实整合了其他策略，尽管这些策略没有LEED得分。在遮阳方面，第二层比首层宽6英尺（约1.8米），主要是为了满足空间/卧室/洗衣

---

① *LEED for Homes Reference Guide*, 9.

房的要求。事实证明，东面6英尺高的悬臂不仅为我们的客厅遮住了阳光（同时让充足的自然光进入室内），还让我们拥有了一个覆盖整个房屋的有顶露台。这样做可以满足两点：拥有一个很棒的户外房间，并使雨水/雪远离房屋地基。如果没有悬臂结构，就无法在房屋的正面设置硬质景观，因为这会违反城市法规。所以这是双倍的收获。在房屋的西侧，有一个格子架，可遮盖房屋的一部分长度，同时让光线进入室内，并平衡悬臂。这些都成为我们保持低空调使用率的关键因素。

我们的屋顶天窗正在建设中

另一个兼具艺术性和实用性的设计元素是：一个受柯布西耶风格影响的高侧窗盒子和屋顶天窗，它们设置在中央楼梯间上方的门厅顶部，并略微向南倾斜，这会促使路过的人停下来，抬头向左张望，并对它感到好奇。

这是一个可操控的屋顶天窗，在夏季打开时可以充当烟囱的作用。当我们在2009年春末首次打开屋顶天窗时，发现热空气会向上方和室外流动，从而减少了对空调的需求，我们很开心并对它的作用感到惊讶：哇，热空气确实上升了！它还带来了更多的光线，照亮了白色木板条打造的楼梯间，这是建筑师萨尔梅拉的标志性设计。

所以可操控的天窗在夏天是很棒的，那在冬季呢？我们没有在冬季打开天窗，但是当我盯着上面看时，可以感觉到温暖的空气被困在那个小空间里，而不是循环回到房子里。我们应该在上面放一个风扇的。

可操控的屋顶天窗就像烟囱一样

从下面的休息室可以看到我们的屋顶天窗
图片来源：Paul Crosby

窗户

就窗户而言，总有一个权衡：窗户越多，日光越多，你对人造光的依赖就会越少（节省金钱和资源），换句话说，住在家里就越舒适。[1]但是，窗户越多，房屋的保温效果也越差。这就需要考虑是否使用双层玻璃或三层玻璃，以及使用多少层低辐射玻璃等。事实上，根据建筑规范的要求，所有新窗户的能效都比旧窗户高得多。

我们没有意识到的是窗户在多大程度上决定了房屋的结构和布局。我认为建筑师可能是从窗户开始设计房屋的，然后围绕窗户继续开展其他设计。我们的窗户太多了！事实上，首层的整个东西两侧几乎没有任何墙壁空间。这对于减少白天对照明的需求，以及感觉与室外空间的整体连接都是很棒的，这是我们喜爱的，并且是亲生物设计的关键组成部分，但这种设计对能源利用不是很好。所以，我们需要购买高品质的窗户。

我们做到了，或者应该说我们的建筑师做到了。大卫·萨尔梅拉喜爱并且通常指定威斯康星州阿什兰市（Ashland）的H Window公司的门窗。

冬季

---

① 许多科学研究，主要是那些有关工人健康和生产力的研究，以这样或那样的方式得出结论，即暴露在自然光下对我们的身心健康至关重要。任何一个在没有窗户的办公室里工作的人都可以证明这一点！

我们要做的第一个重要决定是采用双层玻璃还是三层玻璃。它们的成本差异不是很大，三层玻璃的成本只高出约8%。但是我们怎么知道选哪个更好呢？

窗户的能效由国家开窗评级委员会评定。像保温的R系数一样，窗户也有"U系数"等级，是R系数的倒数。热量的损失率用窗户组件的U值表示，不仅是玻璃。这意味着要考虑窗户、玻璃、隔板和框架各个方面。数值越低，对热流的阻力越大。低U值窗的好处不仅在于减少能源消耗，而且提高了舒适度和性能。更好的窗户可以减少冷凝的风险，并提高房屋的整体耐用性。LEED对较冷气候地区的要求是U系数小于或等于0.35；如果低于这个值，可以获得更多的LEED分数（2009年《国际能源节约规范》还要求U系数不超过0.35；随着建筑规范的改进，新版LEED变得更加严格）。

窗户还有另一个指标：太阳能得热系数（SHGC）。一个窗户的SHGC表示为0到1之间的值，表示它传递了多少热量（数值越低，传递的热量就越少）。LEED仅将此指标用于气候较温暖地区的房屋（对我们不适用），该环境下U系数可以高达0.55，但SHGC必须小于0.35。

我了解到，三层玻璃的U值要比双层玻璃高得多：对于那些不可操控的大窗户来说，其能效提高了25%，对于可操控的小窗户和门来说，其能效提高了13%。这似乎是一个相当不错的性能提升，而成本仅增加了8%，而且由于我们的房屋主要由窗户组成，因此我们认为这将带来最大的回报。三层玻璃的另一个好处是隔声，使我们的家非常安静，这一点是我没有想到的。

第二个要决定的是在窗户上涂几层"低E"层。什么是"低E"？"E"代表辐射率，即材料辐射能量的能力。降低玻璃表面的辐射率可改善窗户的保温性能。显然，我们的窗户已经带有一层低辐射涂层（你可以把一根火柴或蜡烛举到窗前来判断。玻璃上的反射会显示出有多少层玻璃，如果是低辐射玻璃，火焰的颜色会略微与其他颜色不同；请参见右图中最左边的火焰，火焰略带粉红色，表示为低辐射玻璃）。拥有双层低辐射涂层能使能效提高一倍，但价格也更高：双层涂层要贵出29%。在视觉上，第二个低辐射涂层将增加反

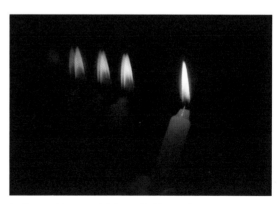

拥有1层"低E"涂料（左侧）的三层窗户

光效果，使室内变暗，并使房屋从外部看起来像一栋办公楼。这是一个简单的决定：三层玻璃加上一层低辐射涂层可节省大量能源，价格仅高出8%。三层玻璃额外的能源节省，再加上双层涂层对美观的影响（颜色更深，反射能力更强），我觉得不值得再增加29%的成本。

我们选择的三层玻璃、单层低辐射涂层的窗户绝对可以提供出色的保温性能，这是我们做出的最佳决定之一。这样做不是为了获得LEED分数，而是为了提高耐用性、舒适性和降低水电费。

保温

保温的主要目的是最大限度地减少房屋内部和外部之间的热传递和热桥，因此我们主要考虑的是外墙和屋顶的保温。保温通常是物超所值的投资之一，尤其是在寒冷气候地区：在保温上花很少的钱，就可以在取暖和制冷费用上节省很多钱。尽管保温做好后就看不到了，但它是我们可以做出的最重要的决定之一。

保温是用R值测量的，R值越高，保温层的热阻就越大。

LEED要求保温水平必须达到或超过2004年版《国际能源节约规范》第4章列出的R值要求。这是一个复杂的话题，因此必须假定我们的建筑商既熟悉《国际能源节约规范》又熟悉本州的住宅规范。[1]绿色评估员吉米进行了干墙预热旁路检查，这是他履行LEED职责的一部分，也是LEED评估的一个额外好处，即会有第三方为我们验证保温材料的安装方式。

对我来说，保温材料的选择是最艰难的决定之一。掌握所有不同类型的保温材料知识，并进行有根据的推测是一个漫长的过程。我们也有最后期限，一旦房屋的框架搭好，管线布置好，就需要做出选择，否则只能推迟建造进度并承担相应的后果。

我们对保温进行了多次讨论。我参观了芝加哥绿色建筑博览会的不同展位，从中学到的是：开孔喷涂泡沫是最好的，因为如果有水分的话，它可以吸收水分并干燥。闭孔喷涂泡沫是最好的，因为它完全填满了壁孔，任何地方都不会进水。开孔泡沫可能会在墙壁后发生塌陷。大豆基的喷涂泡沫中含有大豆（因此它是绿色产品）！玻璃纤维在市场上经久不衰并且

---

[1] 在最新版的《LEED住宅参考指南》（第四版）中，它已被更新至2012年版《国际能源节约规范》，并将随着建筑规范的发展继续更新。《国际能源节约规范》由国际规范委员会（ICC）制定和出版，每三年通过国际规范委员会的政府协商程序进行修订。最新版《国际能源节约规范》可以在codes.iccsafe.org上查找和购买。

价格最便宜——而且现在采用了经过改良的全新无甲醛材料，因此它是绿色产品！棉质牛仔布是唯一的天然产品，可回收利用，因此它是真正意义上的绿色产品。纤维素也很好，它是由回收后的报纸制成的，所以也是绿色产品！不同商家的产品琳琅满目，每家的产品都声称是最好的和最环保的，我被搞糊涂了。

更令人困惑的是试图搞清楚如何满足LEED的要求：这一切究竟是什么意思？2004年版《国际能源节约规范》的第4章说了什么？我费了好大劲儿才找到它。《LEED住宅参考指南》建议使用RESCHECK，这是美国能源部开发的免费网络模型，可帮助确定房屋的保温水平是否符合《国际能源节约规范》的要求。我研究了这个模型，它需要输入很多数据：墙壁、顶棚、窗户、门的面积（平方英尺）以及门窗的U值和保温层的R值。有些是我知道的，有些是我必须估计的。现实情况是保温可不仅仅是一个R值这么简单，你必须考虑结构是由什么材料（例如木材或金属）制成的以及安装了多少英寸的保温材料，这取决于你谈论的是屋顶还是墙壁。

让我们先回到2008年：那时房屋已经竖起框架，安装了管线，是时候安装保温材料了。为了按计划进行，今天必须做出决定。建筑商建议使用闭孔喷涂泡沫，因为每平方英寸的保温性能最好，当它应用到房子的墙壁上时会膨胀。我已得到它将满足LEED要求的保证。既然房子的结构已经建好，就不能再增加墙壁的厚度，因此，在这方面我们受到了一定的限制。但我忍不住想知道……什么是喷涂泡沫？

我认为，泡沫是一种石油产品，安装人员必须完全做好防护后才能进行安装，这可能是出于健康风险，所以选择该产品不可行。

这样一来我们还有其他选择吗？即使不含甲醛的玻璃纤维，在安装后很长一段时间内也会有纤维脱落和气体析出，因此这不是一个健康的选择。玻璃纤维用于外墙保温的质量也不令人满意，特别是对于电源插座周围的区域。棉质牛仔布让我感兴趣，因为它是完全天然的产品，是由可回收材料制成的，并且可以生物降解，但是它非常昂贵，而且如果它弄湿了，墙内就有滋生霉菌的风险。就算我们真要使用它，也无法实施，因为墙壁上的柱子之间的空间不够大，无法布置足够量的棉质牛仔布，达到建筑规范要求的R值（更不用说获得LEED认证了）。无论是玻璃纤维、牛仔布还是纤维素，这三种都有明显较低的R值，因此，要达到标准，我们就必须下降顶棚的高度并增加墙的厚度，因为需要额外增加好几英寸厚的保温层。从设计的角度来看，这根本行不通。此外，除了泡沫，其他任何东西都不会在电源插座处和其他墙壁穿孔处达到很好的保温效果，而这往往是最大泄漏发生的地方。开孔喷涂泡沫可让湿气渗透（就像海绵一样），并且每英寸泡沫的R值仅为3.5。闭孔喷涂泡沫不会被水渗透，而且每英寸泡沫的R值为6，可以帮助提高房屋的结构强度。所有迹象均指向选用闭孔喷涂泡沫。

但这个决策过程还没有结束，因为闭孔喷涂泡沫有多种选择，例如大豆制品。但是大豆基的就更好吗？我发现所有喷涂泡沫都含有某种农产品成分，例如大豆或玉米。但是源自天然材料的成分不到5%，因此这些产品差别不大。性能上的差异可以忽略不计，我们的分包商也不在意，这样一来，大豆或玉米，对我有什么区别？对我而言，它们都是曾经作为食物而种植的农作物的某种奇怪的加工衍生物。

建筑商推荐使用闭孔喷涂泡沫作为保温材料，具体为BASF Comfort Foam 178系列。因此，我拿到了《材料安全和数据表》（MSDS，现称为《安全数据表》或SDS）。自1986年5月26日以来，美国职业安全与健康管理局（OSHA）一直要求使用《材料安全和数据表》作为危险材料的参考。我发现，过去使用的发泡泡沫含有破坏臭氧层的发泡剂（为CFC和HCFC，已被禁止）。但是，BASF Comfort Foam 178系列使用的是"经美国环境保护局批准的零臭氧消耗（Zero-ODP）发泡剂"，因为不这么做的话可能会禁止使用，所以我们现在不用担心了。但是，《材料安全和数据表》揭示了以下危害：

- 对眼睛造成严重伤害；
- 对皮肤产生刺激；
- 涉嫌对胎儿健康有伤害；
- 长期或反复接触（口腔）可能会对器官（肾脏）造成伤害。[1]

然后，我读了一遍这些材料的成分及其对健康的影响。在此举几例：

- 75%的多元醇：与眼睛和皮肤接触可能引起刺激。
- 15%的碳氟化合物（阻燃剂）：超过建议的接触量时，碳氟化合物有微弱的麻醉作用。急性过度接触会引起颤抖、神志不清、刺激、窒息，并可能导致心脏致敏。
- 5%的二甲氨基乙醇：与二甲氨基乙醇接触可能会导致严重刺激、

---

[1] BASF, Safety Data Sheet, COMFORT FOAM 178-XF B-Resin.

灼伤和永久性伤害。二甲氨基乙醇对皮肤和眼睛的刺激尤为剧烈。与二甲氨基乙醇液体直接接触会造成腐蚀性伤害。高浓度的急性吸入会导致大鼠呼吸困难、协调性丧失和运动能力下降。

- 2%的乙二醇：急性吸入过量的乙二醇可能会对鼻子、喉咙和上呼吸道产生刺激。过度快速摄入极为有害，并可能对中枢神经系统产生影响，随后出现抑郁、呕吐、嗜睡、昏迷、呼吸衰竭、抽搐和肾脏损害，可能会致死。[①]

美国劳工部职业安全与健康管理局要求使用这种图形标记对健康有害的化学物质。闭孔喷涂泡沫的《材料安全和数据表》中包含此警告

已经够了！听起来太恐怖了！我们怎么能为我们的家选择这些东西？这种有害物质最初是如何被制造出来的？感觉我们别无选择，所以我做了几次深呼吸。我的主要问题是，装修完毕后我们是否会接触到任何毒素。我给我的新朋友杰里米（Jeremy）通了电话，他是保温材料分包商。他告诉我无需担心，泡沫在喷涂后的几秒钟内就会变得完全惰性且无害。

我接下来要关心的是该产品的安装人员。杰里米说，他们要求工人戴防护面罩（尽管这并不能完全奏效：我和一位正在用胶带贴住窗户准备安装保温材料的工人进行了交谈，由于担心呼吸系统受到危害，他不再吹干保温材料。那时他只有25岁）。

于是我有了一个主意：不妨问问美国肺脏协会对健康的家有何建议？毕竟，健康的家是我们的头等大事，之后才是能源效率。事实证明，美国肺脏协会实际

穿着防护服的工人在我们的车库中安装喷涂泡沫

上建议家庭使用闭孔喷雾泡沫。这是为什么呢？因为这种材料是最不可能让房子发霉的。霉菌对每个人都是非常严重的过敏源，尤其对于我们当中特别敏感的人（请参阅第5章"清洁的房屋"）。最终得出的结论是：闭孔喷涂泡沫不仅具有最高的每英寸R值（约为6），它还有一个额外的好处，就是在出口孔周围密实环绕，可以方便地适应任何开口（此优点相比玻璃纤维保温材料有了很大的改进）；极少会发霉；并且美国肺脏协会推荐它。因此我下定决心，选择闭孔喷涂泡沫。

[①] BASF, Safety Data Sheet, COMFORT FOAM® 178-XF B-Resin.

闭孔喷涂泡沫安装在天窗周围

洗衣房周围安装了棉质牛仔布保温材料

喷涂泡沫保温材料的成本大约是吹制纤维素或玻璃纤维的3~4倍，但吹制纤维素或玻璃纤维的R值为每英寸3~4，明显低于采用喷涂泡沫每英寸6的R值。闭孔喷涂泡沫的其他好处包括抗虫性和结构稳固性。对于打算长期居住的房屋（我们是这样的），这似乎是你唯一的选择。

与使用其他装修材料一样，这是一种权衡。当我看到在我们家里工作的工人时，我很难过。但是当我查看燃气和电费账单时，我很高兴使用了喷涂泡沫。自那以后，我向许多朋友推荐杰里米帮助他们加强屋顶和阁楼的保温性能。他们都注意到，在提高舒适度、减少房屋空气渗透和降低燃气费用方面，前后存在巨大差异。

关于内墙保温，不需要使用闭孔喷涂泡沫。安装内墙保温的唯一真正原因是可以增加隔声屏障。再生棉牛仔布在降低噪声方面表现出众，但它的成本大约是玻璃纤维或纤维素的两倍，这就是为什么我们只在几个重要地方（洗衣间和设备间周围）使用了它。

保温材料在房屋改造方面通常可有很高的投资回报率。如果你想有所了解，请购买一台FLIR红外热像仪，并将它对准墙壁和顶棚。它用彩虹色谱显示高温区域（红色）和寒冷区域（蓝色）。当外面很冷时，你可以很容易地找到建筑商不小心遗漏的地方，例如墙壁或顶棚的某个区域。我有一台旧的FLIR红外热像仪，现在可以把它连接智能手

红外热像仪显示了高温和低温区域

机使用。把它对准人和宠物真的很有趣。我曾将FLIR红外热像仪带到女儿的五年级课堂上，当时我受邀在课堂上讲授能源知识，这台红外热像仪是孩子们最喜欢的。

空气渗透

LEED评级有2分是关于房屋的密闭问题：密封房屋、减少管道泄漏。我把它们归为同一类，因为它们都需要绿色评估员来测试泄漏率，它们都与空气的渗入和泄漏有关，无论是室内还是室外。房屋密封性越好，用于供暖和制冷的能源消耗就越少，尤其是在极端气候条件下。通常，密封性较强的房屋也比较舒适，因为它们不透风。不过，要权衡的是，密封良好的房屋会导致室内空气质量变差和滋生霉菌，因此你必须特别注意使用换气设备通风。

通过LEED认证可确保房屋的密封性，因为它需要对房屋门进行鼓风机测试。这非常酷，它可以测试房屋是否漏气。鼓风机测试使用安装在门框架外的强力风扇，将空气抽出房屋，从而降低室内气压。然后，较高的室外气压会流过房屋的缝隙和开口，这样能源审计员就可以确定房屋的密封程度（即空气渗透率）。测量标准为在室内外的标准压差值为50帕斯卡（相当于以每小时20英里的风速吹打房屋）时的每小时换气量（ACH）。性能要求取决于房屋所处的气候区。明尼阿波利斯位于美国第六气候区，因此最大的空气渗透率要求是在50帕斯卡下为5ACH（建筑规范现在变得更加严格，因此LEED的要求也更严格了），该数值只有能源审计员才能确定（并理解其含义）。通过埃克西尔能源公司，你可以获得30美元的家庭能源审核费，而带有鼓风机门测试的高级审核费用为60美元，这使我们的鼓风机门测试成本仅为30美元。我还看到过其他高达500～600美元的报价。由于房屋墙壁、地板和屋顶会吸收或散失大约四分之一的房屋热量，因此该测试值得尝试，同时，你应该搞清楚公用事业公司是否提供了价格更加低廉的此类服务。

就像房屋的密封应该严实以节省能源一样，通风管道系统也该如此，

对房屋门进行鼓风机测试，以确定房屋的密封性

这个系统将冷热空气分配到整个房屋，而且通常隐藏在墙壁后面。根据《LEED住宅参考指南》，通风管道的泄漏可能占供暖和制冷总能耗的15%～25%。这里还有一个关乎健康和舒适的问题：漏气的管道可能将湿气、灰尘和其他污染物吸入房屋；它们还会使整个房屋的空气分布不均匀，有些房间很热，有些则很冷。尽管我从未问过分包商他们正在安装的管道系统是否泄漏程度很轻，但现在我理解了该项LEED得分存在的意义，这是完全有道理的。

获得此项LEED得分的要求分为两种类型：一种是强制空气系统，另一种是无管道式暖通空调系统（也称为液体循环供热系统，因为它们使用热水通过散热器或地板下的管道为房屋供暖）。我们有一个循环供热系统，可通过地板采暖来加热房屋，它非常舒适、安静。但是，我们决定还要安装一个风管系统，这出于两个原因，其一，这是进行空气调节和除湿的唯一方法；其二，精心设计的通风系统是必要的，可以保持室内空气的清洁和健康。

该项LEED得分还要求不得在外墙上安装管道，除非添加额外的保温层以保持有管道的外墙达到无管道外墙的总体保温等级效果。管道可以在内墙空腔内运行，但必须完全导管化，即不能将空腔本身用作管道（难道真会有人这样做吗）。并且，在非条件空间①中，管道周围保温层的R值必须至少为6。

那么，如何知道管道是否达到了性能标准？绿色评估员吉米必须测试管道系统的泄漏情况，就像他通过鼓风机门测试来检测建筑物本身的泄漏一样。管道泄漏测试花费的时间最长，因为在吉米进行测试之前，必须密封所有供风口和回风口。他先用塑料制品将它们全部包裹起来，然后再通过回风口进行测试。

LEED建议的另一种选择是将空气调节器单元和所有管道系统明显地放置在"有条件空间"内，换句话说，管道系统不能隐藏在墙壁、槽、地板

绿色评估员吉米·斯帕克斯正在进行管道泄漏测试

---

① 非条件空间基本上是指不适合人类居住的空间，如爬行空间、墙与墙之间的空间等。

或顶棚中。这将是一个非常有趣的设计元素，可能会帮助我们更好地了解整个房屋中的空气分配情况。我们的建筑商在他自己的房子里就是这么做的。这些管道看起来很酷，具有非常强的工业气息。但是，大多数人不会考虑这么做，除非他们将管道系统视为艺术品（我们不这么认为）。

这两项测试的结果均证明我们达到了LEED要求。除了考虑不将管道系统隐藏在墙后，我们真的没有别的选择。测试所花费的这笔额外费用是绿色评估员测试总费用1800美元的一部分。我对此项服务表示非常感谢，因为这是另一个附加的保证质量的流程。

我们已经讨论了房屋设计和建造中影响房屋能源效率的四个主要方面：即设计、窗户、保温和空气渗透。下一节是有关家庭主要耗能设备的策略：暖通空调系统、热水器、家用电器和照明设备。所有这些设备在20世纪早期都是奢侈品，如今成为必需品。如何选择可能让人不知所措，因此我希望能简化这个过程。重要的是，要记住这些是按优先顺序排列的，到目前为止，前四种策略在炎热和寒冷的气候中影响最大，应优先关注它们。如果你不能更换窗户或已经将房子做了保温和密封，那么以下四个方面将对你的能源费用产生最大的影响。

暖通空调系统

暖通空调（供暖、通风和空调）设备约占家庭能源消耗的40%。尽管在第4章"清洁的空气"中主要讨论了通风，但如果你的住宅中安装了中央空调，则大多数都具备通风功能，因此通常将它们合并成一个无所不能的暖通空调设备讨论。

采暖和制冷设备不能仅由分包商决定，因为这些设备对家庭的舒适度和室内空气质量有巨大影响。经过大量的研究和与暖通空调分包商的讨论，我们的方案是安装一个地源热泵，许多人将其称为地热（可能会与"地热能"这个概念产

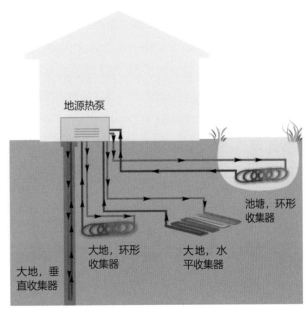

可供选择的地源热泵方案
图片来源：美国能源部

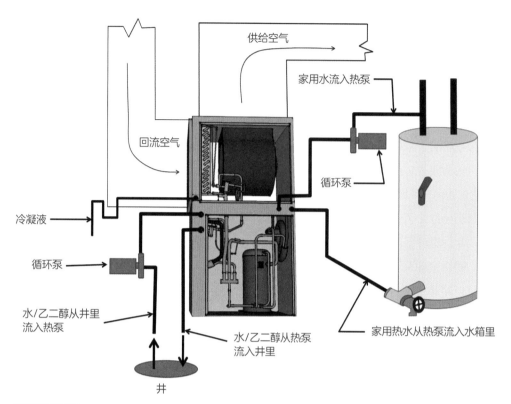

供给空气

回流空气

冷凝液

循环泵

水/乙二醇从井里
流入热泵

井

水/乙二醇从热泵
流入井里

家用水流入热泵

循环泵

家用热水从热泵流入水箱里

地源热泵图示
图片来源：美国能源部

生混淆，因为它也指地热能源，地热能仅存在于特定地理区域内，利用地下的蒸汽和热水储层发电，或直接给建筑物供暖和制冷。在这种情况下，地热也被视为可再生能源）。而地源热泵（也被称为地质交换系统）是从地下获取一定的热量和冷度，对房屋进行加热和冷却。尽管有些人可能会认为它是"可再生"能源技术，但实际上它只是超高效的能量交换技术。

理解它的最简单方法是把它看作一个热交换系统，利用地下恒定的50~55℉（约10~13℃）帮助你达到理想的居家温度，这一温度通常在68~72℉。在炎热的夏季，设想一下室外空调压缩机要耗费多大的努力才能把引入的90~100℉（约32~38℃）的热空气冷却下来。相反，地源热泵在冬季依赖于地球50℉的温度作为热源，在夏季作为散热器进行热量传递，而不是依赖室外空气。这种系统没有室外空调压缩机，这东西又吵又丑，占用了宝贵的室外空间，并且至少需要每年清洗一次。没有室外空调压缩机已经成为推荐这种类型系统的充分理由，但其真正的价值在于能效。

安装该系统需要打孔，可以是垂直钻入地下或水平钻入地下（也可以使用池塘，但我们没有选择这样做）。水平安装通常较便宜，但需要更多的土地，以确保树根不会干扰管道。在我们的住宅区域内，车道下有10个垂直环孔，它们的深度达120英尺（约36.6米）。

地质交换系统会使整个房屋系统的成本增加20%～30%。截止2016年，联邦税收减免政策为包括人工和安装费在内的总成本提供了30%的退税。不过，这是以特定的型号为前提的，而我们的型号不符合30%的联邦税收减免条件（这一点我是在安装之后才知道的）。这使我意识到我们没有安装市场上最高效的热泵。确实，我们的热泵规格过大，我们已经为买这个大家伙多花了钱，而且还将在使用它的过程中继续花更多（更不用说如果安装了小一个型号的热泵，就能获得税收减免，该减免额度在12000美元的范围内）。如果你希望获得税收减免，请务必提前阅读相关规定的细则，并确定你的型号在减免范围之内。[①]现在我相信大多数家庭都安装了过大型号的暖通空调系统，因为分包商不想在罕见的低于零下25℉（约零下30℃）的夜晚收到投诉，这种低温情况发生的概率不到1%，而且也不在你的暖通空调系统被设计处理的范围内。

地源热泵的能效比为3：1，这意味着你应该使用大约三分之一的能量来加热和冷却房屋（其他任何系统的能效比都不会超过1：1）。这不一定会转化为电费的三分之一，因为你的房屋也将能源用于其他用途，例如照明和电器。如果房屋的供暖和制冷费用占公用事业费用的39%（这大约是平均水平），那么你可以期望每年节省三分之二的费用，从而将公用事业费用总额（燃气费和电费）减少26%。因此，如果你每年的公用事业费用支出为5000美元，则可以下降到3700美元，即每年节省1300美元。

对于新建成的房屋，假设地热系统使成本增加了15000美元。30%的联邦税收减免将其降低到10500美元。如果你每年可节省1300美元的公用事业费用，则该系统基本上会在8年内收回成本。这样的投资回报期足够短吗？这取决于你用来衡量的时间范围，但是我敢大胆猜测，这已经够短了，并且它应该会增加房屋的价值。运行热泵的成本只有电费，没有天然气费。当然，如此一来，我们的电费会高于平均水平，但天然气的费用却低得多。

从环境的角度来看，从煤炭中获得全部电力是不理想的。但这取决于如何比较。我们地区的大多数新住宅都将使用天然气取暖，用电力制冷。天然气虽然比煤炭清洁，但仍然是化石燃料，仍会造成污染，并且永远不会成为清洁的或可再生的。利用可再生能源发电会变得越来越清洁。当我

---

① 税收减免到期；有关退税和奖励的最新信息，请查看www.dsireusag.org。

对自己的住宅做分析时，发现地质交换系统是如此高效，即使假设我们电力的70%来自煤炭，净效应也显著减少了污染。

我们计划在该住宅住8年以上（现在已经住了更久了），每年减少的能源消耗和相应的污染使其成为一项值得考虑的投资。对于房屋改建而言，除非你计划无论如何都要更换炉子并且能够在一段时间内接受后院的杂乱不堪，否则它可能没有经济上的意义！

在维护方面，由于没有室外空调压缩机需要清洁，因此花费预计略低于标准系统。但是，根据我的经历，维护和修理费用已经大大高于预期。我有暖通空调分包商的手机号码，经常给他们发短信反映问题。比如，锅炉在6年内更换了两次，阀门和传感器意外出了故障，垫圈安装不正确等。找出问题出在哪里总像是一个有趣的游戏。到目前为止，维护和修理费用已抵消了部分财务上的节省（但至少环境上的益处依然存在）。就此我已经与暖通空调承包商进行了详细讨论，而问题的关键是：大多数高效设备只会更加复杂，因为它具有更多的可变因素。按照他的解释，更多的变量、部件、传感器和阀门自然会导致更多的维护。因此，在效率与复杂性之间存在一个平衡点。这种权衡需要在业主与设计团队（包括暖通空调承包商）之间进行沟通和讨论，最好是在建造过程的早期，以便找到最佳平衡点，并以此来管理预期目标。事后看来，我们有意选择了更高效率，但这也带来了更多的麻烦。

除了一个闭环地源热泵外，我们的系统还包括一个由天然气驱动的备用锅炉、一个侧臂式储水箱（每当热泵运行时，储水箱就将水预热，作为"免费热水"供我们使用）以及一个热回收通风机和用于空调的空气源热泵。我们还决定采用地板辐射热作为供暖的主要方法。地板辐射热非常舒适、安静，是对整个家里分配热量的绝佳方式。地源热泵由于是循环供热（基于水的）系统，因此与地板采暖系统配合使用特别好，因为水与水之间的闭环热交换效率更高。

安装地板采暖有不同的方法。我们使用了Warmboard品牌的保温板，该保温板带有可与管道紧密配合的凹槽，因此地板可以直接铺在保温板上。保温板也有几层铝板层，与其他类型的装置相比，铝板层有助于使热量在地板上更均匀地分布，从而减少了能源费用。保温板本身也是地板的一个结构

用于地板采暖的Warmboard产品

　建造一个可持续的家园

层，通常用于新建筑，也可以作为房屋改造时的薄层。

Ecowarm是一款与Warmboard竞争的新品牌，标榜其获得了可持续性认证，易于安装，并且比Warmboard低30%～40%的成本。虽然我没有使用Ecowarm产品的经验（当时建造房屋时它还没有上市），但作为一种地板采暖的高性能替代品，值得一试。

LEED没有指定你应该安装哪种系统，只要求设备高效，效率越高，你的得分就越多（这里的内容变得非常技术性和无聊，因此可以随时跳过或浏览下一部分）。

获得LEED分数的先决条件是，你必须：（a）使用"ACCA手册J"，即《ASHRAE 2001基本手册》，或等效的计算程序来"正确"设计和确定暖通空调设备的尺寸；（b）使用带有"能源之星"标签的可编程恒温器；以及（c）安装符合《"能源之星"住宅国家承包商名录》要求的暖通空调设备。[1]ACCA是美国空调承包商协会，负责制定室内环境系统的设计、维护和性能标准。它可以帮助承包商对预期的加热和冷却负荷进行建模，然后设计和确定系统的规格以承受这些负荷，"超常规负荷"要有15%的缓冲。

对于（a），我们的分包商确实使用了"手册J"来确定我们系统的规格。不过，"正确"一词尚有争议，因为我认为15%的缓冲可能有些高。他们告诉我需要两个热泵。然而真的是这样吗？我们还有能满足（b）部分的"能源之星"可编程恒温器。

然后，对于（c）部分，有一张表格，上面有一些难以理解的数字，我们需要超过表格上的这些数字才能满足先决条件或获得任何分数。表格对下列内容涉及最低要求：中央空调和空气源热泵；燃气、石油或丙烷炉；燃气、燃油或丙烷锅炉；以及地源热泵。对于我们所处的气候区和我们的系统，中央空调和空气源热泵的先决条件必须≥13 SEER，≥14 SEER得2分，≥15 SEER得3分。我了解到，SEER是季节性能源效率比，计算方法是冷却输出（单位为BTU）除以总输入电能（单位为瓦时）；等级越高，系统的效率越

机房中的热泵

---

① *LEED for Homes Reference Guide,* 201.

高。自2006年以来，美国要求所有新空调的SEER等级最低为13，因此我们至少满足了先决条件。

再来看看我们的天然气锅炉：由于已经有一个地源热泵为我们的房屋供暖，并预热生活用水，这个锅炉相对较小，只作为备用锅炉。因此，我们的天然气费用极低。获得LEED得分的先决条件是锅炉的AFUE数值必须≥85；AFUE≥87可获得2分；AFUE≥90则可获得3分。什么是AFUE呢？这个首字母缩略语代表年度燃料利用效率。根据Furnace Compare网站的说法，AFUE是衡量锅炉加热效率最广泛使用的指标。它测量提供给锅炉的燃料量与实际传递给房屋的热量的比值。因此，具有80%AFUE等级的锅炉会将80%的燃料转换成热量，另外的20%则从烟囱中流失。我们的锅炉是布德鲁斯公司（Buderus）的Logamax plus GB142，AFUE等级为96%，仅浪费了4%，因此很容易就超过了LEED最高要求。

但是我们还没有获得这项令人痛苦的得分。我们也有一个闭环地源热泵，LEED对该泵的最低要求是EER≥14.1，COP≥3.3。如果满足EER≥15.5和COP≥3.6就能获得2分；满足EER≥17和COP≥4.0就能获得4分。COP（哦，老天，又是一个首字母缩写）是性能系数，即输出热量与输入热量的比值。通常，地源热泵的效率为300%~350%，这一点与锅炉相反，因为即使是效率最高的锅炉，也永远不会超过100%。我们有一个Water Furnace品牌的E系列热泵。说明书载明的COP范围是2.93（低）到8.98（高），这取决于回路场（地下）的温度和业主（我）所要求的温度。因此，尽管该系统没有COP等级，吉米·斯帕克斯仍确认我们满足了先决条件，真让人松了一口气。

热水器

根据水研究基金会的数据，热水使用量占室内总用水量的三分之一。在第7章"用水效率"中会讨论该问题；本节介绍为淋浴、洗衣、洗碗、洗手等需求而加热水所需的能量。

这一目标非常明确：那就是减少与生活热水系统相关的能源消耗，包括提高生活热水系统设计上的效率以及家居装置的布局。根据美国绿色建筑委员会的数据，一个家庭的总能源费用支出中，有多达三分之一都花在了加热水上，不仅用于最终用途，还包括水在通过管道系统和水箱时所散失的热量。有三种策略可以共同实现这一节能目标：热水分配系统、管道保温和设备效率。

热水分配系统

热水系统中约10%～15%的能源消耗都浪费在分配损耗上，因此，LEED的这一项分数鼓励将固定装置安装在尽可能靠近中央热水器的位置。我参加过许多开发商和建筑师会议，但从未讨论过热水箱的位置：热水箱总是安装在机房中，这通常是离所有家庭活动最远的地方。这似乎是合乎逻辑的：在日常生活中，为什么会有人希望它离我们更近呢？

首先，我们需要从三种热水分配系统设计中选择一种：结构化的管道系统、中央歧管系统或一个常规系统的紧凑设计。我们有一个结构化的管道系统，因为它支持再循环。如果要得到2分，系统必须满足以下所有条件：

- 该系统必须具备按需控制的循环回路，该回路至少达到R-4的保温等级。循环回路的总长度必须小于平层房屋管道的40直线英尺（2层房屋增加的长度是顶棚高度的两倍，3层或4层房屋增加的长度是顶棚高度的4倍）。
- 从环路到每个固定设施的分支线必须小于10英尺（约3米）长，最大公称直径为半英寸（约1.3厘米）。
- 该系统的设计要求在每个独立的浴室和厨房都必须配有按钮控制，并且必须配备可自动关闭的水泵。[1]

管道系统可能是我最不熟悉的东西了。我不得不多次询问管道承包商，以搞清楚我们正在安装哪种类型的分配系统。我很确定的一件事是想要一个再循环回路，因为在以前的家里，淋浴的水至少要流三分钟才能变热，浪费水、浪费能量和浪费时间。加一个循环装置就可以解决这个问题，因为它可以缓慢而持续地将热水泵入管道。现在，我们淋浴时等待热水的时间约为三秒钟。我简直太喜欢这种循环回路了！运转水泵确实需要消耗能源，但是可以设定计时器来关闭它，总体上来说，它是一个净节能器，同时也是一个巨大的节水器。

对我们来说，获得这个得分的问题是再循环回路的长度，我认为这是房屋的设计和功能胜过热水分配系统的能源效率的地方。首层顶棚高为9英尺（约2.7米），而我们家有3层楼，因此整个循环回路的长度为76英

---

[1] *LEED for Homes Reference Guide,* 208.

尺。这一数值看起来很大，但是我们的房子确实又长又薄。我们的热水器安装在地下室南端的机房里，主浴室位于二楼的北端。由于房屋的长度为62英尺（约19米），因此我不需要卷尺测量就可以知道整个环路长度必须大于76英尺（约23米）。在每个独立的浴室和厨房中，我们也没有安装开关来关闭水泵。我们曾考虑过这一点，但它比在泵上安装一个中央计时器还要贵（也更复杂）。

尽管我们为再循环泵花费了更多的钱，但鉴于最大支路的长度要求，我不确定我们如何才能得到这些分数。我想我们可以给主浴室安装一个无水箱热水器，而没必要将其连接到循环回路上；其余需要热水的装置都安排在LEED要求的40直线英尺范围内。但是这样设计就不能利用由地源热泵系统预热的水箱，所以最终可能在能源费用上花费更多。因此，我们在这方面没有获得任何分数，但我没有因此感到遗憾。

管道保温

为了满足LEED对管道保温的性能要求，所有生活热水管道都必须至少具有R-4等级的保温。正如"保温"一节所述，R值给出了其热效率的数值。R值越高，对热流的阻力越大。需要在所有管道至弯头处正确安装保温材料，以确保所有90°转弯处保温效果良好。这有助于减少能源消耗并尽可能保持较高的水温。

首先，都有哪些类型的管道呢？金属铜一直是管道设备的首选材料，因为它是一种材质相对较软的金属，很容易弯曲，需要较少的金属扣件。它还具有抗细菌、不含铅和抗腐蚀的能力，非常耐用。由于这些原因，我们的中央歧管材料使用的是铜，管的周围有泡沫保温套，这些都符合LEED的要求。2006年，铜的价格大幅上涨，尽管当时已经达到了顶峰，但现在仍然昂贵。因此许多管道工出于成本和易于安装的原因而改用塑料管。

塑料管可由PVC、CPVC或PEX制成。PVC是聚氯乙烯，是世界上使用最广泛的塑料之一，也是毒性最大的，从摇篮到坟墓都能用到它。我对承包商讲的很清楚，我的房子里绝对不要用任何PVC制造的东西（只有一根通向外部的空气管是PVC的，因为其他材料无法替代。因此我们的房屋材料无PVC率达到99.9%。但是，玩具其实也是PVC产品）。PVC管材仅仅与冷水有关才会用到。热水管材通常使用CPVC或氯化聚氯乙烯。在我看来，PVC和CPVC都是一种东西，因此我们也没有使用CPVC。

我们最终将PEX用于所有管道，除了给地板采暖的铜制中央歧管。根据PEXinfo网站的介绍，PEX是一种交联聚乙烯，在欧洲已经使用了几十年，在美国大约从1980年开始使用。它的好处是可以防止氯和水垢的积聚（尽管我们的水应该不含氯），并且不会产生针孔。由于这种材料很灵活，因此安装更容易，所需的配件也更少。根据我的研究，PEX不会将任何化学物质溶解于水中，但是人们对于PEX毒性的评论褒贬不一。与铜不同，它不能回收利用。

PEX管道

让我们回到正题上来……我们的热水管道需要R-4等级的保温层。为了获得这项得分，我按要求查询信息时，却感到有些迷惘。如果你在网络上查找"PEX R值"，则会看到各种评论，认为其R值比铜的R值要好。但是它的R值具体是多少？我们的水管工不知道。我给提供PEX管的欧博诺（Uponor）公司的技术服务部门打了电话。他们通过电子邮件向我发送了一张该管材R值的图表，很显然R值会随管材的规格而变化。半英寸管材的R值为0.199；1英寸管材的R值为0.193，甚至没有接近最低

歧管管道系统的铜管使用了泡沫保温层

要求值4的管材。那么我们该怎么满足LEED要求呢？我们将不得不用非常厚的保温材料包裹住所有管道，这无疑将花费大量的人力和物力，这么做值得吗？我真的觉得不值得，因为PEX线都在内墙里并且能为房屋供暖。因此，我在这里没有获得LEED分数。

对于使用铜管的家庭来说，在铜管外部添加泡沫保温层是一种简单而又有意义的做法。泡沫保温材料有多种尺寸，可以预先切割，又能简单地安装在金属管周围，价格也不贵。

高效的家用热水设备

本节介绍了燃气热水器、电热水器或太阳能热水器的最低效率标准。度量指标是EF或能量系数，且对不同规格大小的热水器（从40美制加仑到80美制加仑）有不同的要求。根据美国能源部的说法，EF指的是热水器的整体能效，其依据是一天中消耗每单位燃料产生的热水量。包括以下内容：

管道的R值计算公式
R值= (Ln(O.D.ft/I.D.ft))/(2*pi*K)

Wirsbo AquaPEX	R值
1/4英寸	0.3199
3/8英寸	0.258029911
1/2英寸	0.198536275
5/8英寸	0.193477293
3/4英寸	0.192038343
1英寸	0.192637558
1 1/4英寸	0.192332441
1 1/2英寸	0.193283421
2英寸	0.192292068

PEX管道的R值

家用预热水箱

- 回收效率——如何有效地把来自能源的热量转移到水。
- 待机损耗——存储的水每小时的热量损失与水的热含量的百分比（带储水箱的热水器）。
- 循环损耗——水通过热水器水箱和/或进、出水管循环时的热量损失。

较高的能量系数意味着热水器的效率更高。你可能会认为：太好了，我要做的就是购买EF系数最高的热水器。其实不然。较高的能量系数并不总是和较低的年度运营成本划等号，你必须比较燃料来源，考虑规格大小、总成本和第一个小时的评级也很重要。天然气热水器往往比电热水器便宜得多，部分原因是目前天然气很便宜。

我们的机房有两个热水箱：一个储存地源热泵预先加热的热水，当泵运行时预热（也就是我们在对房屋进行供暖或制冷时，一半以上的时间都会这样）。我们有一个天然气锅炉作为备用热源，当热泵不工作时，用它加热生活热水。在这种情况下，我们的煤气费会小幅上涨，而电费则会下降。第一个储水箱，即预热箱，用来为第二个储水箱（Amtrol牌子的一个80美制加仑的Boilermate水箱）供水。据我了解，这种热水器叫作间接点火式热水器。因此，它实际上不是热水器，是一个体侧水箱，并且没有EF等级。因此，我们不知道是否会满足LEED对热水设备的要求，除了直觉上，我们知道一个收集和储存多余热量的预热水箱非常有效。

《LEED住宅参考指南》明确指出，如果业主使用其他替代的热水设施，例如小水箱、无水箱/水箱组合系统或热泵预热系统（我们用的），要提交所谓的"得分要求说明"或使用"性能途径"。性能途径就是我们之前使用过的能源建模路径。

我们的暖通空调和地源热泵承包商设计了整个系统。值得庆幸的是，他们知道体侧预热水箱这种装置，因为这是我一个人搞不定的。

我们确实短暂地考虑过安装无水箱热水器，因为当时无水箱热水器由于能效高而变得越来越流行，而天然气的价格则是它的两倍。无水箱热水器应该可以为你节省很多钱，因为不必持续地给50～80加仑的水箱加热。为了全面了解情况，我对无水箱热水器进行了深入研究。《消费者报告》得出了一些有意思的结论：

在我们的测试中，无水箱热水器使用大功率燃烧器快速加热通过热交换器的水，其能源效率平均比燃气储罐型热水器高22%。根据2008年的美国全国能源费用计算，这意味着每年可节省约70～80美元。但是，由于它们的价格比储水式热水器高得多，因此达成收支平衡最多可能需要22年的时间，甚至比许多型号热水器的20年标准使用寿命还要长。此外，我们对1200位读者进行的在线调查显示，在安装成本、节能和满意度方面存在很大差异……此外我们还发现：无水箱热水器不能立即提供热水。把水加热到目标温度需要时间，并且就像储水式热水器一样，管道中的所有冷水都需要被排出来。而无水箱热水器附带的电子控制装置意味着在停电期间无法提供热水。

看到这样的评估结论，再加上高昂的前期成本，让我质疑无水箱热水器的可行性。随后，我了解到，安装无水箱热水器要为其风扇和电子设备预留电源插座、升级燃气管道以及安装其专门的通风系统。这让安装变得非常复杂，因为必须在每个淋浴喷头附近安装这些设备。还要安装家用热水预热水箱，所有这些因素加在一起使我得出结论：不要安装无水箱热水器。

还有其他几种类型的热水器可供选择，比如太阳热能水器（稍后会讨论）。由于技术在不断发展，因此最好访问"消费者报告"之类的网站以获取最新的公正观点。在任何情况下，你都需要考虑总体方案（你是想用天然气还是用电力？）、所需系统的规格大小（取决于家的大小）、你在机房中（或淋浴器的后面）可以安装的设备尺寸以及你能负担得起什么价位。请记住，在任何分析中只包括增量的前期成本和节省。

家用电器

家用电器占一个家庭能源消耗的20%～30%，室内用水约占25%。值得庆幸的是能源部拥有"能源之星"（Energy Star）计划，该计划对那些既能节约能源又不牺牲功能的产品进行独立认证。"能源之星"标签确保该设备比其他设备更节能，因此我不必为每种类型的设备查找不同的能效衡量标准，我只需要在energystar.gov网站上的"能源之星"产品列表中查找一下我们的电器。LEED只关心体积最大的电器：冰箱、洗碗机和洗衣机，还包括带有"能源之星"标签的吊扇，这并不是因为吊扇体积大，而是因为LEED鼓励安

能源之星标志。
资料来源：美国能源部

装吊扇，因为它们减少了供暖和制冷的需求。

由于产品型号和技术在不断变化，因此我不会详细介绍我们为每件电器考虑过的品牌，只会涉及其中一部分。比如，我们喜欢家里的博世（Bosch）冰箱，还喜欢家里的美诺（Miele）洗碗机，主要是因为它的餐具托盘和静音性，但是它的阀门不耐用，需要每两年更换一次，这是我们不喜欢的。我们不喜欢美诺洗衣机，尽管它为我们获得了许多LEED能效得分，但是美诺洗衣机洗衣时间长而且噪声大，但洗得还算干净。就这些了，选择电器就是这么简单——只需寻找"能源之星"标签就可以了，而且你知道与其他替代品相比，你是在节省能源。带有"能源之星"标签的电器价格不会更高，但使用起来一定会省钱。许多公用事业公司为购买贴有"能源之星"标签的电器提供补贴，以鼓励消费者购买。老实说，我想不通为什么有人会购买没有"能源之星"标签的电器。

不过，我要补充一点，"能源之星"并没有对所有类型的电器都进行认证贴标。例如，小型冰箱、烤箱和炉子都没进行过评级。但是"能源之星"对许多其他种类的电器进行了评级，包括照明设备、加热和冷却设备、电子产品、商业食品服务设备、热水器和计算机，因此这些产品都值得一看。只要美国能源部仍然存在并继续由美国国会资助，所有的评级都会在网站上列出。

说到炉子，对我们来说做出决定很困难。即使LEED并未提到这个设备，我还是会在这里把它包括进来，因为我们的炉灶上有两个电磁炉和四个天然气火眼。我们之前已经习惯了天然气炉灶，因此转而适应电磁炉灶对我们来说是一件大事。电磁炉仅适用于磁性锅，因此不适用于我们每天早晨用来煎蛋的不粘锅。除此之外，我们总是使用电磁炉。因为它加热水的速度更快，无需同时开启双层锅即可融化巧克力，因为我们在家里不用燃烧化石燃料，从而更安全。想想看，转动燃气灶的旋钮是多么容易，但火焰升起的同时也会对室内造成污染，这真是太疯狂了。如果没有适当的通风，就会对健康造成危害。如果我们的房屋建造过程重来一遍，我将只使用电磁炉而不使用煤气炉。即使燃气烘干机效率更高，我也会将燃气烘干机换成电烘干机。我宁愿吸入院子里燃油除草机产生的尾气，也不愿意在室内使用化石燃料，这个想法越来越让我着迷（我知道梦想很大）。

尽管这些电器都很重要，但是还有更多电子产品可以大幅增加家庭的能源消耗程度，比如微波炉、抽水机（一直在运行）、电视、超大号冰箱和冰柜（它们没有"能源之星"评级，因此你无法查找它的能耗信息）、计算机等。就像照明设备和空调一样，最终节省多少能源是房主的责任。认清这一点，从使用更高效的设备入手绝对重要，但是日常的操作行为也会带来巨大的影响。

照明

照明占家庭总能耗的5%~15%。这一数值占比不是很大，但这通常是最容易解决的问题之一，并具有最佳的投资回报。

尽快将你的灯泡更换为LED

明尼阿波利斯的冬天阴暗而寒冷，我对房屋的户外照明并不满意。这之所以引起我的注意，是因为最近发生入室抢劫案后警方建议我们将户外照明通宵开启。因此，这个冬季，户外灯大约从下午4：30开启直到早上6：30才关闭，每天开14个小时。灯具本身还可以，但是附带的灯泡是50瓦卤素灯。由于CFL（紧凑型荧光灯）和LED（发光二极管）有更低的瓦数可供选择，并且发光颜色和质量不断改善，所以我决定购置一些进行比较。

比较灯泡可能会很棘手，因为你必须了解"流明"（发出的光的数量）的概念，以及每种光的"色温"（颜色），才能进行公平的比较。人们往往认为瓦数代表了灯泡的亮度（例如，一个100瓦的灯泡比一个50瓦的灯泡要明亮得多），但是自从CFL和LED进入市场以来，情况就不再是如此。灯泡的亮度以"流明"表示。因此在购物时，就可以用"流明"来进行比较。色温是光的"颜色"。LED具有更多的蓝色调，这使它们的颜色变得更柔和、更温暖，更像是老式的白炽灯泡。

CFL中含有汞，必须作为危险材料妥善处理。LED不含汞，比CFL的功率低，但使用寿命更长（2008年或更早出版的绿色建筑指南建议用CFL代替灯泡，但大约从2009年以来，LED已成为更好的选择）。

我很高兴在家得宝找到了一些EcoSmart品牌的LED灯。这款8.6瓦灯泡的单个售价为9.97美元，可提供429流明（与我们现有的灯泡类似），使用寿命为50000小时。我将它与三种不同类型的灯泡进行了比较：

1．50瓦卤素灯泡（这个是我要更换的灯泡）：这款50瓦灯泡在家得宝的售价为7.47美元，可提供520流明，寿命为3000小时。根据包装盒上的信息，3000小时相当于2.7（假设灯泡每天的开启时间为3小时）。但是，实际上在冬季每晚大约要开启14小时，在夏季则大约为7小时，平均每天10小时。如果该假设成立，则它们坚持不到10个月。

2．40～60瓦的传统白炽灯泡[1]（最便宜的灯泡）：40瓦和60瓦的灯泡分别具有360和630的流明（大约处在LED灯429流明的中间）。一盒6个的这种白炽灯泡的价格为7.97美元（每个1.33美元），使用寿命为1000小时。

3．CFL灯泡：由于其低功率，一个14瓦CFL灯的输出功率为450流明，可持续工作8000小时，一盒2个的售价为10.97美元（每个5.49美元），比较该类型的灯泡是很有必要的。

LED与这三种不同的灯泡相比如何？除了最初的购买价格外，你还需要考虑另外两个成本：非LED灯泡在一个LED灯的使用期限内的更换成本，以及灯泡的年度运行成本。这三个变量加起来组成了灯泡在整个使用期限中的实际成本。

灯的更换费用。 由于我正在将LED灯泡与其他灯泡进行比较，因此LED灯是我的基本案例。已知LED灯能够持续工作50000小时。因此，正确的比较是在这段时间内需要购买多少个非LED灯泡。我假设各种灯泡的价格会随着时间的推移保持不变。假设平均每天开启10小时，首先计算灯泡可以使用多少年。然后与LED灯泡相比，我需要计算购买并更换灯泡的次数，然后乘以灯泡的价格得出：

LED灯：使用寿命为13.7年，使用寿命内更换费用为0美元。

卤素灯：使用寿命为0.8年，因此你必须在一个LED灯泡的使用寿命内，购买17次用来替换的灯泡，即17×7.47美元=127美元的更换成本。

白炽灯：寿命为0.3年，因此，你在一个LED灯使用寿命内必须购买46次替换灯泡，即46×1.33美元=61美元的更换成本。

CFL灯：寿命为2.2年，因此，你在一个LED灯泡的使用寿命内必须购买6次替换灯泡，即6×5.49美元=33美元的更换成本。

灯的年度运营成本。 为此，你必须查看电费单并找出每千瓦时需支付的费用。1千瓦时=100瓦灯泡开启了10个小时（等于1000瓦时，相当于1千瓦时）。在明尼苏达州，电费约为每千瓦时9美分或10美分。我假设在未来几年这一费率保持在9美分，尽管它的实际费率可能会提高。

灯泡的年度运行成本计算公式如下：

每千瓦时的电力成本×每天10小时×每年365天×灯泡功率额定值/1000

（你必须将其除以1000，因为我们要得到的是每千瓦时的成本，而不是每瓦时的成本，一千瓦时=1000瓦时）

- 一个LED灯泡的年度运行成本：0.09美元×10×365×8.6/1000=2.83美元
- 一个卤素灯泡的年度运行成本：0.09美元×10×365×50/1000=16.43美元
- 一个白炽灯泡的年度运行成本：0.09美元×10×365×50/1000=16.43美元
- 一个CFL灯泡的年度运行成本：0.09美元×10×365×14/1000=4.61美元

---

[1] 注：2007年的《能源独立与安全法》（Energy Independence and Security Act）中包括了要求灯泡更加高效的条款。没有像许多媒体报道的那样禁止白炽灯。我在这里把白炽灯泡包括在内，因为你仍然可以买到它们，而且它们仍然是最便宜的——仅就前期购买成本而言。

可见，虽然LED灯泡的初始成本较高，但随后的维持运行成本较低，避免了更换灯泡的成本。将其他3个灯泡与LED灯泡的增量成本进行比较，以进行使用寿命周期分析：

LED与卤素灯的比较：你为LED灯泡多付2美元，但每年可以节省13.6美元的电费（根据上方的分析，16.43美元–2.83美元=13.6美元）。这一数值远远超出了其他灯泡在几个月内的增量成本。另外，你还可以省去127美元的灯泡更换费。在LED灯泡的使用期限中，你可以节省300多美元，而这仅是一个灯泡的贡献而已！将其乘以5个室外照明灯具，即可节省1500美元。显然这很省钱，甚至包括省去更换灯泡的劳动时间（注意：使用寿命中的总成本节省是通过减去使用寿命中的能源成本+使用寿命中的更换成本–LED灯泡的初始成本计算出来的）。

LED灯与白炽灯的比较：你购买LED灯泡要多付8.14美元，但每年还可以节省13.6美元的电费。因此，仅凭运行成本上的节省，LED灯泡可在不到两年的时间内收回成本。另外，通过避免购买替换用的灯泡，你还可以节省61美元。在LED灯泡的整个使用寿命中，你只需购买一个灯泡即可节省243美元！

LED灯和CFL灯的比较：你只需为LED灯泡多支付3.98美元，每年仅节省1.77美元的电费；这样的投资回报期为两年半时间。另外，通过避免更换成本，你节省了33美元，更不用说省去了由于CFL灯的汞含量（一种危险废物）所需的适当处理措施而带来的麻烦。在灯泡的使用寿命中，你将节省49美元多一点。

因此，与这些灯泡相比，LED灯无疑是赢家，甚至超过了CFL灯的优势。与CFL灯相比，每个灯泡节省近50美元；如果我有6个灯泡，则相当于节省300美元，这使得去一趟家得宝的购物很有价值！

如果灯泡每天使用时间少于10小时，分析结果又会是什么样子？寿命周期成本的比较方法保持不变。唯一改变的是LED灯泡的投资回收速度。如果灯泡每天仅开启1小时或更短时间，则省去的能源和更换成本几乎不值得。

在我家，由于灯泡平均每天要工作10小时，并且换掉了原先的卤素灯泡，因此，每年可节省13.6美元的能源成本，并在未来10年内避免了127美元的更换成本。这样一来，仅节能方面的回报周期只有不到两个月。如果我们每天只开灯3小时，那么省的能源就需要7个多月的时间来支付LED灯泡的增量成本。但这样还是物超所值！

另一个注意事项：我无法量化每年要购买更多灯泡并更换灯泡所需的时间和精力，这肯定值点钱！

许多人认为他们要等到灯泡烧坏才去更换。在一个完好的灯泡坏掉之前就扔掉它，似乎是一种浪费，但是我不同意这种观点。即使每天在家使用的白炽灯泡能够正常工作，这也是一种浪费——浪费能源和金钱。如果LED灯能增加价值，为什么不从今天开始增加价值呢？我在此允许你扔掉你的旧白炽灯（如果它们是CFL，则含有汞，因此必须将其作为危险材料进行处理），并立即用LED灯替换它们！你没有理由不这么做。

虽然照明通常只占家庭能源消耗的很小部分，但它无疑是最简单、最快捷的节能方式。从经济上讲，改用LED灯泡是立竿见影的事。

作为首批安装由科锐公司（CREE）生产的新型嵌入式LED灯的家庭之一，我们属于该领域早期的实践者。我们选择的LR6嵌入式灯具当时刚刚上市。它的额定功率为12瓦，673流明，预计寿命为35000小时（尽管网站上标注为50000，但我还是采用35000小时的"能源之星"评级）。当我将灯具插到电表上时，读数仅为6瓦。瓦数相对较低的原因是，该款产品所有的电能都用来发光而不是产生热。由于热量的损耗，老旧灯泡发光效率很低。尽管在我们的气候条件下，产生的热量在冬天未必是多余的，但在夏天和更温暖的气候下，这种热量是不受欢迎的。

我们选择的LED灯的光输出与60瓦的白炽灯（普通）或14瓦的节能灯（CFL）灯泡相比，后两者的使用寿命分别为1000小时和15000小时。罐形嵌入式的LED灯的光线比聚光灯发散得多，但我喜欢这样，而且它的光线也是可调整的。另一个好处是LED灯不会散发任何热量，从而降低了屋顶和顶棚之间发生融雪和形成冰坝的风险。而且与节能灯（CFL）不同，它们不含任何汞。

罐型LED灯的价格更高吗？当然会高。虽然每个罐型灯143.75美元的高价比我们之前选择的白炽灯管高出约25%，但自从我们使用以来，价格一直在稳步下降。而且，如果它们确实能持续工作35000小时，则使用期限大约是20年（假设每天工作5个小时）。每个罐型LED灯每年节省的电费约10美元；如果购买罐型LED灯多花费30美元的话，回报周期将会是3年，其中不包括灯泡的更换费用。无论LEED得分如何，这么做都是值得的。

回到LEED得分这一点上。照明上获得得分的先决条件是，在"高使用率房间"（厨房、饭厅、客厅、家庭房、走廊）中至少安装4个带有"能源之星"标签的灯具或带有"能源之星"标签的CFL灯。

这在我看来很奇怪。我们本来可以在房间里全都安装效率低下的照明组件，然后争取LEED得分，而我们要做的就是在一个公共区域中再添加4个灯具或CFL灯管。如果住在一个小工作室里，你只需要两个灯具怎么办？看起来总体百分比要比数字更重要。不管怎样，所有的LED灯都贴有"能源之星"标签，数量远超过4个，而且都安装在"高使用率房间"中，因此我们满足了

檐廊上的LED灯

建造一个可持续的家园

主要生活区的FLOS Glo-Ball吊灯

LEED的先决条件。

如果获得额外的得分，需要安装至少60%符合"能源之星"标准的固定接线灯具和100%符合"能源之星"标准的吊扇（如果有吊扇的话）。我数了数所有的罐形LED灯和其他灯具，它们大多是FLOS公司的Glo-Ball灯，光线调暗时，看起来像漂浮在天空中的月亮（但不符合"能源之星"标准）。根据我的计算，我们所有的室内灯具中有82%是LED灯，因此这一项可以获得LEED3分。

如果将所有室外照明灯都安装在动作传感控件器或集成的光伏电池上，LEED会奖励额外得分，因为这显然可以节省能源（我们的某些灯具符合该标准）。现在，商业建筑规范对占用率和空置率传感器的要求更高，因为这项技术非常便宜，并且是另一种提高能源效率的简单方法。

在家里住了8年，我们没有更换过任何一只罐形嵌入式LED灯。但对于我们使用的卤素灯，耗电又昂贵的FLOS Glo-Ball灯而言，情况并非如此，这些灯泡每年至少需要更换一次。至于LED的质量，我只能说，"不怎么样"。光线的总输出不是那么高，而且它们的调光功能充其量只算中等，当它们调暗的时候，会开始微微闪烁，让屋子里的人感觉不舒服。虽然灯泡不会熄灭，但其中有些变成了粉红色。向市场询价之后，我们打算用新式的LED灯来替换它们，但后来粉红色的灯泡又恢复正常了，因此我们保留了原灯（你不能像拧普通灯泡一样拧下LED灯泡；整个灯具是一体的，更换时有些不便）。因此，从财务角度来看，它们表现得很好。但我对最新款的灯具和灯泡充满信心，它们具有更佳的照明质量和更低的成本，表现肯定会更好。

生成可再生能源

利用可再生能源现场发电最多可获得LEED 10分。太阳能光伏（PV）、风能、小水力发电和以生物燃料为基础的系统是能够获得此项LEED得分的可再生能源类型。我们投资了太阳能发电系统，因为在建房时，以风能、小水力发电和以生物燃料为基础的系统都不是可行的选择，也不具有典型性（目前来说）。

这里的相关指标是可再生能源生产的能源占总能源的百分比。我们目标是让该百分比尽可能高。该指标的强大作用在于，它首先鼓励提高能源效率，以减少分母值（住宅消耗的总能量），同时增加尽可能多的可再生能源，以增加分子值（生产的总能量）。可再生能源供应商通常会在安装太阳能发电系统之前推荐以上探讨的8种策略中的一些，因为如果住宅本身的能源效率就低下，那么太阳能电池板的作用只是杯水车薪。

太阳能发电

需要理解太阳能的第一件事是市面上有两种差异很大的不同类型的太阳能技术，分别为提供电力的技术（称为光伏或PV）和提供热量的技术（称为太阳热能）。它们以完全不同的方式工作，具有不同的设施、成本和收益。因此，当有人说"我想要太阳能"时，我总要先搞清楚是哪种类型（"被动式"太阳能是另一种类型，但不涉及能源的生产）。

迄今为止，太阳能电池板是绿色建筑中最杰出的代表。在我为可持续发展提供咨询的过程中，当人们对提高房屋的可持续性感兴趣时，太阳能电池板通常是他们问我的第一个（也是唯一的）的问题。我喜欢太阳能，因为一旦安装了太阳能板，就可以在原地发电，无需活动部件，也几乎不需要维护；还因为它是一种分布式发电，指的是在消耗电能的场所发电。根据美国能源信息管理局的数据，太阳能发电在传输过程中仅会损失5%的电力，因此这是一种更有效的模式。

太阳能的经济性是变化很大。如果有补贴并且电费很高，这可能是一笔巨大的投资。当时在明尼苏达州，由于电价本身就太便宜，以至于对财务的影响不大，但是补贴和税收优惠使我们无法抗拒购置太阳能设备。

要确定太阳能电池板是否适合你居住的地点，需要考虑一些潜在的问题。首先，太阳能电池板在屋顶上通常需要大量无阴影的空间。如果附近有树木遮荫，它们将无法有效发电（我不建议砍伐树木以获取太阳能）。其次，并非所有类型的屋顶都适合安装太阳能电池板。当屋面（北半球）

向南倾斜30°~45°时，它们的效果才会最佳。最后，并不是所有的屋顶都可以承重太阳能电池板的重量。具体取决于品牌型号，通常每平方英尺太阳能电池板重约2~3磅。如果它们以任何方式发生倾斜，可能会承受更大的雪荷载，因此必须将其纳入结构计算中，明智的做法是让结构工程师在每个太阳能电池板安装协议上签字同意。

此外，电池可能也会出现问题。许多人将太阳能作为备用电源。这就意味着需要电池来存储额外的电量，但是电池对自然环境无益。如果你生活在发达的地区，并且可以轻松连接到电网，那么大多数太阳能安装人员会建议你只连接太阳能电池板，而放弃配备电池，以便能够实时消耗所生产的电量。如果电力产量超过消耗量，多余的电量将回到电网中，同样是实时的。如果你在一定的时间段（例如一个月）内生产的电量超过了你的消耗量，那么多数公用事业公司制定有"净计量"规则，会为你的电池板产生的多余电量付费。[1]并网是最环保、最简单的模式，但不是总能满足人们对未来太阳能的期望。对于那些想要"离网"的人来说，电池是必不可少的。

我计划将房屋设计得尽可能高效，然后让"太阳能发电准备就绪"，随时可以并网。像大多数设计师一样，我们的设计师不喜欢太阳能电池板的外观。对于将太阳能电池板融入房屋的设计中，显得并不是很兴奋（这是在特斯拉公司推出屋顶板之前）。但是，我们说服了设计师实施这项方案，将太阳能电池板放置于车库上方，我办公室的平屋顶上。

太阳能系统是在我们搬进来大约两年后安装的，我写了一篇名为"太阳传奇"的文章发表在博客里，讲述了我在这一令人疯狂的过程中遇到的问题和沮丧。以下是这篇文章中的亮点：我收到了3个不同的报价，所有这些报价都建议我们在屋顶上安装16个面板。当真要安装它们时，我们发现屋顶空间只能安装12个面

位于办公室上方的太阳能电池板

---

[1] 比如，在埃克西尔能源公司负责的区域有净计量规则，规定了一定的限制。客户生产的能源不能超过其家庭所用能源的120%，具体根据前一年的总用电量计算。详见energysage.com。

板。由于我们支付了16个面板的费用，并且从明尼苏达州获得的补贴和公用事业费用是基于16个面板的，因此我们必须安装16个。这意味着要找到另一个空间安装另外4个面板。在多次与设计师和项目负责人沟通之后，我们决定让面板起到两个作用，那就是将面板同时作为西向的遮阳板，这样一来可在夏末的午后保持办公室的凉爽。由于这4个遮阳板是平坦的，与太阳之间没有任何角度，因此与那些朝向太阳倾斜的面板相比，它们损失了约28%的发电效率，这也使我们从明尼苏达州获得的补贴略微减少了一点儿。

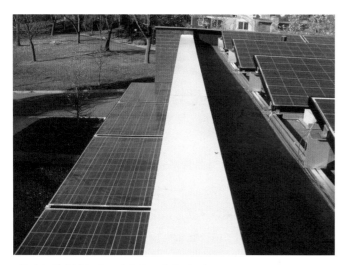

4块太阳能电池板也用来作为西向的遮阳板

太阳能遮阳板下方的景色。
图片来源：Karen Melvin

我们购入的太阳能系统额定功率为3.68千瓦，带有Enphase牌的微型逆变器，即使系统的一部分被雪覆盖或遮挡，逆变器也可以帮助系统继续发电（如果没有微型逆变器，当太阳能电池板的任意部分被覆盖或遮挡时，整个阵列将不会发电）。该系统每年可生产约2000千瓦时的电力。那么具体表现如何呢？前两年的产量与预期差不多，每年略高于2000千瓦时。但是随着时间的推移，产量会下降，因为系统老化，发电效率会逐年降低。在过去的7年中，系统总共产出了16兆瓦时的电能。下图显示了电力总产量以及太阳能发电所占的比例。平均而言，太阳能电池板可产生10%的电力，具体范围为：在夏季高峰期可达31%，冬季积雪时最低可为0。[1]

----

[1] 这并不能直接转化为LEED分数。LEED对可再生能源系统每年满足的参考电力负荷每3%给予1分。参考负荷是一个典型家庭（即HERS参考家庭）在一年中所消耗的电量。太阳能是HERS指数模型的众多输入项之一，因此我们获得的25.5分中有一部分得益于这些太阳能电池板，但这并不是直接原因。

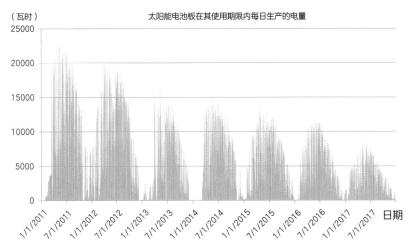

过去7年的太阳能发电量。发电量会随着时间的推移而降低

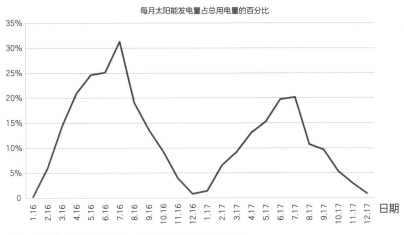

过去两年的太阳能发电量，以及占总电量的百分比

根据美国环境保护局的温室气体当量计算，产生16兆瓦时的太阳能相当于最多减少13000磅（约5900千克）的煤炭燃烧或一辆普通乘用车行驶29000英里（约46670千米），也等于14英亩（约5.7公顷）的树木所吸收的二氧化碳，这也太酷了。

但这些投资值得吗？我们获得的补贴和优惠非常特殊，因此对我们来说在财务上是值得的，但这只是刚及格而已。问题是我这里的电价如此便宜，以至于在经济上的回报并不可观。以每千瓦时9美分的价格计算，我们每年节省的电费不到200美元。如果现在有人来问我，我将不得不进行一项新的分析，该分析取决于三个变量（假设基于屋顶南向有足够的无遮挡面积，并且屋顶能够承载太阳能板的重量）：

1. 前期成本；

2. 可获得的补贴和税收优惠；

3. 你需要支付的电费。

前期成本通常在17000～30000美元，具体取决于你拥有多少空间和太阳能系统的规模。住宅项目的规模通常在1.5～3.5千瓦。补贴在每个州都有所不同。在明尼苏达州，埃克西尔能源公司给我们的补贴为每瓦2.75美元。明尼苏达州的补贴为每瓦2美元，联邦政府对整个太阳能系统的成本有30%的联邦税收减免。因此，对于一个20000美元的系统，联邦税收减免为6000美元，而补贴将在4000～8000美元。[①]除此之外，通常还有社区补助金。综合考虑以上所有这些因素，前期成本可以降低到6000～10000美元（新的太阳能金融公司一直在推出"零首付"的租赁服务，但他们能通过融资获利）。

一旦确定太阳能系统规模（千瓦），就需要计算出一年中系统预计会生产多少千瓦时的电力。你可以通过访问美国能源部的在线PV Watt计算器（pvwatts.nrel.gov）完成此计算，输入所有变量（地理位置、系统规模、基本模块类型、朝向太阳的倾斜度和角度）就可以很好地估算面板将产生多少千瓦时的电力（尽管安装人员会告诉你该数值的大小）。

然后，在电费单上找到每千瓦时的电费（这不是一件容易的事，因为账单中包含了太多不同的价格和费用，令人感到难以理解）。如果你能搞清楚，将电力成本乘以系统将生产的千瓦时数，得到的结果是你预期节省的电费。

太阳能电池板的优点是安装之后几乎不需要维护，尤其是如果使用了并网系统并且无备用电池，将会永久免费获得部分电力。因此随着公用事业费的上涨（可能会上涨），节省的开支也会随之增大。如果我们家要重新安装一遍太阳能电池板，会更加注意屋顶的可行性，例如在办公室窗户旁边的房屋侧面安装梯子，每年爬到上面一次或两次铲除积雪是有益的，因为当积雪存在时它们不能发电。除此之外，还可以对它们进行检查（尤其是在冰雹天气过后），看它们是否受到什么损坏，都将是一件有意义的事情。

不幸的是，太阳能发电系统也有缺点——前期的投入成本高以及安装后看上去可能不美观。太阳能发电系统的成本才是真正的阻碍，但是价格在持续下降。其实，不用管别人，只要你觉得它美观就可以了，情人眼里出西施嘛。

---

① 请在www.dsireusa.org查看美国国家可再生能源激励数据库。

太阳热能

全面披露：我们没有在家里安装太阳热能设备，所以我对此了解较少，但我们确实考虑过是否安装，而且我曾经在一家销售这些系统的公司工作，所以对此有足够的了解，可以提供详细介绍。

太阳热能其实是吸收了太阳的热量，并将其传递到房屋中以加热生活用水和房屋空间。为此，它需要存储热量，通常用50～80美制加仑（约190～302升）的水箱来存储。

太阳热能系统不同，其复杂性和结构也各不相同。例如，在以色列，大多数住宅的屋顶上都使用黑色水箱提供生活用水，它们只是在免费吸收太阳的热量。这些设备也可以视为太阳热能系统，是最基本的类型，实际上是被动式太阳能设计。更复杂的系统可以在机房中安装真空管、反射器、防止热量过高的回流系统、防止冻结的防冻液、泵以及额外的热水储存罐。

太阳热能是我最喜欢的技术之一，因为它非常高效、简单、可以吸收太阳的热量并将其用作房屋的热量。问题是热量难以存储，许多人的机房没有足够的空间容纳另外一个大型热水箱。

但是，游泳池其实就是内置的储水罐，因为热量会直接传到你想要的位置：游泳池中。为什么市面上没有更多用太阳能来加热的游泳池？在这一点上它是经济学和大众认知的结合。根据美国能源部的数据，一个太阳能泳池供暖系统的成本通常在3000～4000美元，投资回收期为1.5～7年，具体取决于当地的燃料成本。在2008年，由于天然气价格居高不下，太阳热能的普及率似乎开始腾飞。但现在，由于天然气价格低廉，在美国双子城中甚至很难找到太阳热能设备。

太阳能集热器的一个普遍问题是它们在外形上不如太阳能电池板美观（但这一点提及得不多）。财务上仍然享有30%的联邦税收减免，明尼苏达州曾于2014年1月推出了25%的退税（最高2500美元）政策。无论如何都是值得研究一下太阳热能的成本和收益——特别是如果你有游泳池的话！

《环境建筑新闻》（*Environmental Building News*）的创始人亚历克斯·威尔逊（Alex Wilson）是与绿色建筑相关的所有信息的可靠来源，他更喜欢太阳能发电（PV）系统，而不是太阳热能系统。他的理由是：如果你正在考虑将光伏电池板或太阳热能板放置在屋顶上的某个位置，那么光伏电池板可以放置于比太阳热能板更远的地方，因为电流可以很容易地通过电缆进行长距离传输，而太阳热能系统的管道则必须短得多。光伏发电系统没有任何活动部件会磨损或需要维护；防冻保护也不是问题；并且在日光充足的情况下停止运行时（比如泵发生故障或遭遇停电）不会在系统中产生压力。因此，从长期的耐用性角度来看，光伏系统更具吸引力。[1]

对于LEED而言，太阳热能技术不属于可再生技术，该观点在高效热水设备这一部分中提及。但我会说它确实是一种可再生技术，因为来自太阳的温暖是一种无限清洁、自由和可再生的能源，并且确实替代了燃烧天然气的供暖方式。

风能

根据美国能源信息管理局的数据，风能的利用在美国持续增长，占2016年总发电量的5.5%，高于2015年的4.7%。但是，风力涡轮机需要占用大量空间，通常仅安装在空旷的无人居住的乡下地区，主要是美国中部那些多风州。市面上也有小型家用风力涡轮机，但没有得到太多的关注。

许多公用事业公司为客户提供了可以100%采用风能的项目，比如埃克西尔能源公司的Windsource等。LEED评价体系不会因此给予业主分数，因为作为业主并没有生产可再生能源，而公用事业公司将获得可再生能源方面的得分。参加埃克西尔能源公司的Windsource项目后每千瓦时只需多花1美分多一点儿，并且可以以100千瓦时为单位购买。因此，对于每月使用1000千瓦时电力（略高于平均水平）的房屋，参加100%的风能项目每月将额外花费10美元。那么这些钱都花到哪儿了？埃克西尔能源公司的客户代表表示它用来支持可再生能源基础设施建设，并帮助实现到2021年能够达成可再生能源占41%的目标。无论如何，埃克西尔能源公司都将朝着这一目标努力，但是随着越来越多的人参加Windsource项目，可能会更快地实现这一目标。这似乎是一个很好的理由，但我正在努力帮助人们省钱，而不是花更多的钱，而Windsource只会让你花更多的钱。在某种程度上，比如化石燃料的负外部性有一个真实的价格——电力账单上的燃料费用可能会超过风能费用；在这种情况下，Windsource可以节省一些钱。

---

[1]　Alex Wilson, *Environmental Building News*, "Picking a Water Heater: Solar vs. Electric or Gas Is Just the Beginning," February 26, 2014.

能源结论

虽然无法对我家的房屋进行前后对比分析（这是我为什么喜欢改建房屋），但很高兴收到了CenterPoint能源公司的计分卡，显示了在冬季如何与邻居进行能耗比较。从11月到3月，我们的能效比"能效高"的邻居高出51%，这些邻居是天然气用量最少的前20%家庭。我们不仅在电费方面有了弥补，还比邻居的用电量多了很多，但我们的电力有一部分是由太阳能生产的，而且每年都在变得越来越清洁。[①]

CenterPoint Energy公司记分卡显示了低天然气用量

我们投资的真正回报是什么？在HERS评级模型中，吉米估计我们每年的煤气费和电费为2272美元。如果我们没有完成上述所有这些工作，我们的家将更像是一个典型的"参考家庭"。要了解具体程度，可以查看我们的HERS评级分数，我们的得分为35，这意味着我们的账单将是"参照家庭"的35%。算一算，一个典型的类似规模的家庭每年的能源账单大约是6500美元，这意味着我们所采取的绿色行动每年可以节省4200美元。我们确实一开始为三层玻璃窗、喷涂泡沫保温材料、地源热泵、热回收通风机和LED灯（我们的"能源之星"电器并不贵）支付了额外的费用，但所有这些都在之后为降低能源费用做出了巨大贡献。我估计所有这些投入使我们多花费了30000~40000美元，这意味着要在7~10年内收回成本，尤其是随着公用事业价格的逐年上涨，回报周期还会更短。

---

① 事实上，在2018年，明尼苏达州实现了为自己设定的2025年的目标，即25%的电力来自可再生能源。明尼苏达州之所以能够提前7年完成这一计划，是因为经济效益正在发挥作用：特别是风能已被证明是一种成本更低的替代能源，即使没有补贴。

在商学院上课时，我们了解到投资回报分析表很不可靠，因此，根据我的经验，我喜欢根据预期未来现金流的净现值来衡量投资。这种分析需要为这些现金流设定一个时间段：我们将在这个家里住多久？我们的计划是至少15年。35000美元增量成本的净现值，在每年节省4200美元的情况下，超过25000美元（以3%的贴现率和3%的通货膨胀率计算），内部收益率为11.2%。对我来说，这是一笔很好的投资。如果你为该增量成本进行融资或抵押贷款（我们就是这么做的），则回报是立竿见影的。

更大的问题是，HERS能源模型是否能够准确预测我们的能源费用，答案是否定的。在过去的8年中，我们实际的能源费用（电费和天然气费）平均每年不到5000美元，仍然比LEED"参考家庭"低24%，但并没有像预期的那样低65%。但这并不一定意味着我们实现的节省不可观。为什么？"参考家庭"可能会产生与能源模型相同的一些误差。实际上，由设计工程师进行的关于家庭能源评价体系在预测家庭实际能源费用方面有多准确的研究发现，其差异很大，误差范围也很大。实际能耗最重要的决定因素是居住者的行为，但是这一点很难预测。我们的能源建模师怎么会知道我丈夫和我都在家工作，并且在车库上方的办公室里经营着两家公司？这些因素肯定会影响能耗。其他变量包括天气、单位费用的增加以及简单的错误假设。如果不进行这些绿色投资，我们永远不会知道我们的能源费用会是多少。我们每年至少可以节省1500美元，同时每年还能减少8000磅（约3629千克）的碳排放。

为能源效率融资

对节能项目进行投资绝对是明智之举，那么为节能项目筹集资金也绝对是明智之举。不幸的是，情况并非总是如此。能够认识到这一点的人并不总是有足够的现金支付节能投资，这里有一些选择供你参考。

首先，可以尝试降低成本。你可以通过公用事业公司以及州和联邦政府这一级获得许多补贴、激励措施和税收减免。查阅dsireusa.org网站上的美国国家可再生能源和能效激励数据库。公用事业公司通常是"计划发起人"，他们与贷方一起为参与其能效计划的业主提供特殊的融资。例如，埃克西尔能源公司可以为客户将旧冰箱免费运走，客户还可以得到一张35美元的支票。补贴可用于保温、挡风雨条、照明等。低收入客户有资格获得额外的免费材料和人工服务。虽然某些联邦税收减免已经到期，但太阳能和电动汽车的税收减免仍然存在，并且将来还会有更多。

清洁能源资产评估（PACE）融资正越来越多地作为一种工具，帮助为能效和可再生能源的前期成本融资。该项目的费用是通过一项评估加到你的公用事业税账单中来支付的。根据美国能源部的数据，在2009～2016年，超过10万名业主通过清洁能源资产评估的住宅计划对其房屋进行了能效和可再生能源的改善，总计为房屋的升级投入了近20亿美元。尽管许多州都为商业建筑提供了清洁能源资产评估融资，但并不总是对业主开放（现在也是这样），请浏览网站tentation.us获知详情。此外，许多公用事业公司提供"票据融资"，他们成为贷款人，这个也值得一试。

最后一条建议，请与你的银行联系。房屋净值信贷额度（HELOC）可以提供灵活和快速的资金使用权限。HELOC的利率可变，但你可以随时付清余额，只要你定期支付利息。

为了说明通过投资这些高能效产品获得的立即回报，我把目光转向了我的父母，他们将所有嵌入式照明灯具从普通65瓦的白炽灯泡换成了科锐（CREE）LED LR6，这不仅涉及更换灯泡，还包括彻底更换灯具。新的灯泡是11瓦，这意味着它们每换一个灯泡可节省54瓦，但如果没有考虑灯具的数量以及每天打开多少小时，这个数字就没有意义。他们家全屋有65个灯泡，平均每天要用5个小时。因此，每年节省的费用是54瓦乘以65个灯泡乘以每天5小时乘以每年365天，再除以1000（从瓦时转换为千瓦时），再乘以每千瓦时9美分，结果是每年可节省577美元，每月可节省48美元。新的嵌入式照明灯具的总成本为8000美元，包括安装的人工费用（注意：更换整个灯具的成本比仅更换灯泡要高得多，因此，这种财务投资回报率比仅更换灯泡要低得多，但仍能在财务上发挥作用。而且，通常你只会查看增量成本与标准灯具的比较，而不是全部的重置成本，因此8000美元将少得多。此外，LED灯的价格会随着时间的推移持续下降，因此其经济效益只会有所提高）。如果你把这8000美元打包成利率为3.92%的30年期抵押贷款，你每月还款额将是38美元。在每月节省了48美元电费的情况下，你每月还能省下10美元。所以，虽然这个还款期限是14年，但如果你愿意投资的话，那么从第一天开始情况就会变得更好！

嵌入式LED灯具

业主为什么会对节能进行投资

　　史蒂文·纳德尔（Steven Nadel）是美国节能经济委员会（ACEEE）的执行董事，他在研究中指出，家庭进行节能投资的原因多种多样。报告中提到当要求人们对"参加节能活动或购买节能产品或进行家庭装修"的三个主要原因进行排名时，省钱是最重要的，其次是舒适和健康。①

省钱	61%
让房屋更舒适	35%
让房屋更健康	27%
有责任心且不浪费	26%
能更好的控制个人能耗	25%
保护环境	23%
使房屋具有更高的转售价值	20%
拥有一个高质量的房屋	19%
拥有一个高性能的房屋	17%
保证下一代的生活质量	15%
成为好公民	11%
保护国家经济并且减少对他国的依赖	9%
成为好榜样	9%
和邻居一样与时俱进	4%

① Steven Nadel, "Who Invests in Energy Efficiency and Why?" July 24, 2017, http://aceee.org/blog/2017/07 who-invests-energy-efficiency-and-why; Source: Shelton Group 2016 Pulse Survey.

能源的费用和意义

更加绿色的选择	费用	意义
三层低辐射窗	价格贵出5%~15%（我家的是8%） **价格高昂**	非常适合寒冷地区 **可以考虑！**
闭孔喷涂泡沫	至少比传统的粉红色玻璃纤维贵出2~3倍 **价格高昂**	能够降低能源成本和提高舒适度，让该投资物超所值 **寒冷地区：一定要做到！**
地源热泵	价格贵出约多于30% **价格高昂**	最高效的系统；更适用于新建房屋而不是改建后的房屋；使用7年后可收回成本 **新建房屋：一定要做到！**
无水箱热水器	价格多变；1000~2000美元 **价格适中**	**没有意义**
太阳热能水器	价格多变；8000~12000美元 **价格高昂**	目前，与使用天然气相比没有什么经济意义，但从能效的角度来看也确实有道理 **可以考虑**
"能源之星"家电	**无增量成本**	**一定要做到！**
LED灯具	价格更贵；取决于与其他灯泡的比较，以及房屋的规模 **价格中等偏低**	最好的投资回报 **一定要做到！**
光伏太阳能板	1000~25000美元，如果接受太阳能公司的融资则成本为0 **价格高昂**	如果房屋能效已经很高并且屋顶没有遮挡 **可以考虑**

第 7 章
用水效率

对于大多数人而言，供水过程是不可见的，不可见会引发自满。

——罗伯特·D. 莫里斯博士（Dr. Robert D. Morris），饮用水领域的作家和专家

在家里，我们做很多事情会用到水：洗碗、洗衣服、洗澡、刷牙、清洁、烹饪和灌溉室外植物。第3章"清洁的水"中介绍了家庭用水的水质，本章则介绍我们的用水量。

在美国，每天大约有3400亿加仑（约12870亿升）淡水从河流和水库中被抽取出来，以维持住宅、商业、工业、农业和娱乐活动。就我个人而言，我不知道这个量是太多还是太少。但是，最可怕的还是"水资源短缺"：据估计，美国人每年开采的水量比返回自然水系统来补充含水层和其他水资源的水量要多3.7万亿加仑（约14万亿升）。这一数字听起来不太可持续。

但我们在这里谈论的是住宅用水，而住宅用水占总用水量的比例不到10%。根据水研究基金会2016年关于居民用水最终用途的报告，家庭平均每年使用8.8万加仑（约33万升）的室内用水。好消息是，自从1999年（上次研究）以来，由于厕所和洗衣机的效率提高，这一比例下降了22%。在明尼苏达州这个拥有多达10000个湖泊的土地上，许多人并不认为会有水资源短缺问题。但最重要的是，明尼苏达州的人均用水量相对较低。图森（Tucson）和旧金山等许多地方的用水规定都比LEED的规定要严格。

我们为什么要关心这些呢？至少出于经济原因，因为水要花钱，所以

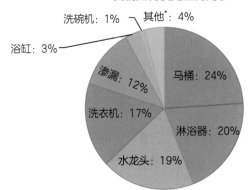

我们如何使用室内用水？

洗碗机：1%　其他*：4%
浴缸：3%
渗漏：12%
马桶：24%
洗衣机：17%
淋浴器：20%
水龙头：19%

*包括蒸发冷却、加湿、水软化，以及
其他未分类的室内用水使用方式。

资料来源：*Water Research Foundation's
Residential End Uses of Water, Version
2, Executive Report（2016）*

为什么不尝试提高用水效率来省钱呢？这么做不仅可以减少水费，淋浴、洗碗和洗衣用的热水会消耗大量能源，大约占家庭总能耗的10%～15%，所以，节约热水也能减少你的能源支出。

与LEED相关的房屋评价体系中"用水效率"部分，通过三种方法帮助业主减少用水量：水的再利用、高效灌溉和高效使用室内用水。LEED要求在15分中至少得3分；我们以相对轻松和低廉的代价赢得了9分。

水的再利用

"水的再利用"要求以某种方式去获取水资源。住宅可以通过以下三种方式实现水的再利用计划：

1. 雨水收集；
2. 中水再利用；
3. 使用市政循环水系统。

雨水收集

雨水收集指的是收集雨水用于灌溉或用于室内，如厕所。然而，从实用的角度来看，雨水收集实际上只用于户外灌溉。这是因为在美国，室内管道系统不与室外集水系统互通。

LEED这一部分的得分占总分的3分，无论是否使用了收集和储存的雨水都没有关系。重要的是，你已经安装了一个集水系统，可以储存1英寸降雨产生的所有水，这相当于每平方英尺屋顶面积收集了0.62加仑的雨水。

雨水收集系统在世界许多地区都很普遍，该系统基本上只是储水箱，这些储水箱会收集来自屋顶的雨水。它们的种类包括从复杂的地下蓄水池到基本的雨水桶。关于雨水收集的公共政策差异很大。一些城市，例如洛杉矶，倡导收集雨水不是用来灌溉，而是作为一种雨水管理措施，以减少流入小溪和河流的径流。新墨西哥州的圣达菲（Santa Fe）要求所有新的商业和住宅开发都必须采用雨水收集系统。[①]然而，由于法律规定的水权，科罗拉多州甚至禁止雨水收集：必须允许雨水向下游流向那些拥有合法权利使用它的人。自2009年以来，科罗拉多州才允许业主使用雨水桶。[②]

在明尼阿波利斯，雨水径流是一个主要问题，因此该市鼓励市民收集雨水。这座城市的网站上写道："想象一下你所在社区中的屋顶数量，你可以很快看到有多少径流流向雨水沟，沿途带着污染物，排放到我们的湖泊、河流和小溪中。雨水桶是捕获这些径流的一种方法，它们不仅对生态负责，而且有助于节约用水。"

对我来说，捕获雨水似乎只是常识，所以我对探索这种方法感到兴奋。我向我们的建筑师和景观设计师提出了一个有关雨水收集系统的想法，并阐明了三个问题：

1. 费用。我们的土地湿度很大，为了容纳一个大的储水箱或蓄水池，我们必须放一些桩来支撑它的重量，这是非常昂贵的。建筑师不喜欢你把钱花在地下看不见的东西上，因为那样会把钱从预算中抽走，而这些钱本可以花在很酷的设计特色或整洁、昂贵的材料上。而且，不管储水箱的型号如何，都需要一个集水区、一个输送系统（如排水沟）和一个配电系统（管道和水泵）。这些都不是房屋的标准组件，因此我们的承包商有些不情愿。

2. 维护。我也为这种不情愿感到内疚，因为维护这些东西让我感到害怕。过滤器怎么处理呢？如果它被黏糊糊的东西（或青蛙或花栗鼠）堵住了怎么办？我们需要怎样的防寒措施呢？当它结冰时会发生什么？再加上为支撑储水系统的重量而增加的打桩费用，蓄水池对于我们的家来说似乎并不实用。因此，我们可以选择使用雨水桶，但这就引出了第三个问题。

3. 设计美观。我们的设计团队甚至都不想考虑雨水桶，因为坦率地说，它们可能非常难看。

---

① Santa Fe County Ordinance No. 2003-6.
② Colorado Senate Bill 09-080.

我不得不说，这最初使我感到失望。我们在水的再利用方面的LEED得分为零，以下就是原因。

我们考虑过在两个雨水槽的底部都放置雨水桶，这些雨水槽是从屋顶伸下来的（尽管我们的设计团队提出了反对意见），我们认为可以找到一些符合建筑风格的雨水桶。与城市水相比，雨水的含氮量更高，含盐量更低，更适合用于绿化，因此我认为这么做对我们的花园是有益的。

雨水桶通常可以容纳50加仑（约190升）水。一个50加仑的水箱有多大？查看一下你的热水箱（通常为50～80加仑），真的是相当大！但是真正的问题是：两个屋顶排水沟末端的两个50加仑的雨水桶是否足以灌溉花园、减少水费并满足LEED的得分要求，即至少需要收集屋顶50%的水。

让我们来计算一下。我们的平屋顶面积为1800平方英尺，每平方英尺的屋顶上有0.62加仑的雨水。因此，如果我们的目标是收集100%屋顶面积的雨水，那么1英寸的降雨量会产生1116加仑的径流——所有这些都需要被收集起来。这意味着我们将需要22个50加仑容量的雨水桶来满足这个得分。如果我们仅收集50%的雨水，则将需要11个雨水桶。而我们的房屋只有两个雨水槽，那怎么办呢？这样是行不通的，因为这么多的雨水桶会占用太多空间。

雨水桶在我们的社区很常见

雨水桶的其他潜在问题包括：成为蚊子（和其他小动物）的繁殖场；滋生藻类；以及溢流问题（50加仑的水箱很快就会装满）。

从成本/收益的角度来看，它将如何发挥作用？有许多因素会影响分析结果。在成本方面，一个普通的雨水桶大约为100美元，如果你想要附加的水龙头和软管，还需要支付一点额外费用。由于质量不高，或者某些城市通过发放补贴来激励人们购买，因此这些产品的费用通常可能较低。

从收益来讲，你可以计算出存储在集水装置中的水的价值，假设你储存的水量足以满足LEED的得分要求。你需要的可变因素是：

可变因素	以我们在明尼苏达州的家为例
你所处的气候带的年平均降雨量（灌溉季节期间）	20英寸（5~9月）
用来收集雨水的区域面积（100%利用率）	1800平方英尺
屋顶每平方英尺面积在1英寸降雨量时能够收集到的雨水量	0.62加仑（固定值）
每加仑的水费	0.005美元

计算公式：

20英寸的年平均降雨量×1800平方英尺的屋顶面积×0.62加仑/英寸的降雨量=22320加仑

22320加仑×0.005美元/加仑的水成本=112美元的储水价值

另一个影响较大的因素是你每次能得到多少雨水，以及雨水桶是否能容纳所有的雨水，或者只是溢出。但请记住：存储1英寸的雨水就需要22个雨水桶。我能找到的最便宜的50加仑的雨水桶是可折叠的聚酯纤维桶，价格为40美元。根据美国环境保护局的数据，典型的50加仑雨水桶在夏季只能存储1300加仑的雨水。水的价格非常便宜：1300加仑的水只值6.50美元，这意味着以100美元等值的一桶雨水计算，投资回收期大约需要15年。即使一只雨水桶的价格只有40美元也无法在6年内收回投资。

另外，这能算是真正的节省吗？可能不是，因为你甚至不会用到那么多的水来灌溉。要计算是否满足灌溉需求比较棘手，但仍然可以设法做到。如果主要目的是给花坛浇水，那么一两桶雨水就足够了。但是我这里重申一次，这样一来收集到的雨水就没那么多了，因此节省下来的钱很少。而且，这还远远不够获得LEED分数。即使你想确切地计算出你需要多少水灌溉，这种分析也存在两方面的缺陷：

- 在你所处的气候区中可能没有足够的雨水收集和储存，并用于你需要灌溉的东西，从而抵消你的灌溉成本，或者
- 那里可能有足够多的雨水让你的植物得以生长，所以你一开始就不会在灌溉上花那么多钱。

从经济角度来看，除非水价变得更高，否则雨水桶是没有意义的。除

此之外，还有复杂性、美观和维护问题，这些都导致我们没有继续这个选择。底线是，就改变你的财富或改变你的整体生态足迹而言，雨水桶（可以说）只是沧海一粟。

中水再利用

中水就是洗涤水——基本上是从洗衣机、淋浴器、浴缸、水龙头或它们的某种组合流入下水道的水，不包括来自厕所的废水（俗称"黑水"）。要获得LEED得分，必须包括一个可以兼用于灌溉系统的水箱，并且它必须每年收集至少5000加仑（约1.9万升）的水。中水可用于厕所或灌溉。

在我看来，这是一个巨大的管道工程，而LEED评价体系只给了这一项1分。我们确实对此进行了调查，我们的建筑商告诉我们，在明尼苏达州没有管理机构规定使用中水灌溉，而且很难获得许可。虽然最初对这个问题感到惊讶，但当你仔细思考时，它是有意义的。我们的下水道里到底有什么？常见的物品包括头发、化学物质和细菌。是否应该允许人们把他们排在下水道里的东西（即使是已经过滤的），再喷洒到整个院子里吗？从健康的角度来看，对于那些使用中水的人发出警告："如果你家中有人患上了传染病，例如流感、麻疹或水痘，请停止使用中水系统，直到病人康复。"[1]从环境角度来看，当地下水渗入附近的湖泊和河流时，这可能会变成一场噩梦。从物流的角度来看，在冬天无灌溉需求的情况下，我们该如何处理中水？

然后，我们研究了储存中水并将其用于室内（仅用于厕所）的可能性。确实存在这样的系统，从理论上讲，这似乎是个好主意。当我们让水管工给出定价时，发现进出所有水槽、淋浴器和抽水马桶的管道数量几乎要加倍，因为中水需要两个独立的废水处理和供水系统。这是对我们信心的第一次打击。

然后，我在YouTube上看到了一个视频，内容讲的是这些系统的操作和维护有多么"容易"，只要每年彻底清洗水箱两次。但这一过程需要用到大量的水，因此抵消了省下的水费。维护问题是给我们的第二次打击，我们不再需要有第三次打击了。因此，该系统的价格以及不便之处使其不可行，选择放弃我们不后悔。

话虽如此，我们只是在研究可供整个房屋使用的中水系统，可能会有

---

[1] Eric Corey Freed, *Green Building and Remodeling for Dummies* (Hoboken, NJ: Wiley Publishing, 2008), 268.

一些更小、更独立的系统是可行的，特别是在缺水问题更为严重的地区。例如水槽/马桶的组合，用过的水直接流入马桶，既节约用水，又节省空间。它也可以节省少量的水费，但该系统还不足以获取LEED得分。

市政循环水系统

这项得分是与"用水效率"中的前两个得分算在一起的（你无法越过前两项得分直接获得该得分）。如果灌溉用水是由城市的市政循环水供应的，可以得3分。显然，只有在你所住的社区拥有市政循环水系统的情况下才可行。但明尼阿波利斯不具备这个条件。

加利福尼亚州和佛罗里达州是美国开发再生水系统的领导者。很好，LEED评价体系在这里设置了分数，因为如果我住在一个有市政循环水用于灌溉的城镇，我肯定会使用它。城市处理和分配再生水的成本可能更高，但拥有再生水用于灌溉的城市可能会以低于淡水的价格出售再生水，以鼓励人们使用再生水。

室外用水

像"水的再利用"部分一样，其想法是通过灌溉系统自身减少对城市供水的需求。

我的第一个问题是：如果我们没有灌溉系统该怎么办？很多人的家里并没有这套系统！这个问题其实没有任何意义，除非我们进行景观设计，通过特定的植物和遮荫来减少整体灌溉需求（这是另一个LEED类别中的一部分，称为"可持续用地"）。

我们应该会拥有某种灌溉系统，所以我的下一个问题是：如果我们打一口水井进行灌溉会怎样？我打井的想法是从关于建造蓄水池容纳雨水的可能性的讨论中产生的。但我决定不这么做，因为我们的土地已经很湿了。但明尼阿波利斯市并不反对这样做。然后，我参考了《LEED住宅参考指南》，并假设我们会因此获得大量的分数，因为我们将节省市政提供的淡水资源。

但情况并不是这样。LEED评价体系并不关心我们是否利用地下水浇灌草地和树木。我们最终还是打了一口井，因为我不想将新鲜的经过处理的水只用于灌溉。打井还可以节省灌溉成本，而灌溉成本通常是水费的一大组成部分。而且由于我们在本书中试图做的大部分事情是通过预先投资降低房屋日后的持续运营成本，因此这是另一项在最初极具意义的绿色投资（要了解实际情况，请参阅第12章"我们做过的最糟糕的绿色决策"）。

因此，LEED假设的是你拥有灌溉系统，而水的来源无关紧要。你可以安装一个高效的灌溉系统并让第三方进行检查，最多可以获得4分。高效灌溉系统是由什么组成的呢？以下十个标准中的任何一个都有助于定义高效。我们家如何做的会用斜体注明：

1. 安装由美国环境保护局的WaterSense认证的专业人员设计的灌溉系统（WaterSense是美国环境保护局与工业界合作的一项计划，为高效节水产品贴上标签）。

没做到——我们不想购买这种产品，也没找到。

2. 设计并安装一套全覆盖的灌溉系统。

做到了——这意味着洒水喷头之间有一定的间距，因此相邻喷头喷出的水会略有重叠。

3. 安装中央阀门。

做到了——我们可以只关闭室外灌溉系统，这是我们每年秋天都要进行的"冬天化"或"系统化"工作。我们让水从水龙头里排干，以保护水管在温度降至冰点以下时不会结冰或破裂。这对于处在寒冷气候下的房屋耐用性非常重要。

4. 为灌溉系统安装一个分表。

没做到——这不是家庭的标准做法。一个分表可以让你分别测量灌溉用水量与室内用水量。对于许多商业项目而言，这一点很重要，而且我的许多客户都已安装了它们，但现实情况是，大多数家庭都不使用它们。如果住所位于仅在夏季使用灌溉的气候区，通过比较没有灌溉需求的月份的水费，很容易计算出用于灌溉的水量。分表本身大约是300美元，但劳动力成本将超过500美元。

5. 对至少50%的景观种植床使用滴灌，以最大程度地减少水分蒸发。

没做到——草坪上的洒水喷头比树木上的滴灌喷头所占的比例要大。

6. 根据浇水需求为每种类型的种植床划分不同的区域。

做到了——这是基本灌溉设计的一部分，应该始终这样做。树木和花坛应进行滴灌，不能洒水。不同类型的种植需要不同的浇水频率和持续时间。

7. 安装定时器或控制器，可以在每天的最佳时间启动每个浇水区的阀门，以最大程度地减少蒸发损失，同时保持植物健康，遵守当地法规和用水指南。

做到了——这就是灌溉控制器的作用，这也是减少用水的方式。

8．安装压力调节装置以维持最佳压力并防止发生雾化。

做到了——我们购买的系统就是这样的。

9．采用平均分布均匀度至少为0.70的高效喷嘴。

做到了，我们购买的系统就是这样的。

10．喷头内止回阀。

做到了——这意味着水只能单向流动。

11．安装湿度传感器控制器或降雨延迟控制器。

做到了——这些装置是灌溉控制系统的卖点，尽管它只能感知到当前和最近的降雨，而不会感知未来的降雨。具有内置无线功能的较新型号可以与天气预报同步，如果很快要下雨，洒水装置就不会打开。我们自己的雨水感应器不管什么情况都无法正常工作，因此在下大雨时我们会手动将其关闭。

是否要拥有灌溉系统是我们的主要考虑因素（这一点我们做到了），然后再考虑投资灌溉控制器。在我们的系统设计中使用喷头为草坪浇水，并对该地块的侧柏进行滴水灌溉。我们没有在本地草原草和野花的区域安装灌溉系统，因为这些植物是耐旱的。我们选择的分包商安装该系统的总成本为4600美元（我们的建筑商旗下的分包商给出的初始价格是这一价格的两倍，因此，这里真正需要学到的经验教训是确保系统设计合理。很多时候分包商会对灌溉系统进行过度设计，这意味着你得到的远大于你所需的，而且还要为此额外付费）。

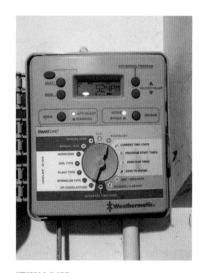

灌溉控制器

从成本和收益方面分析，假设灌溉系统的初始投资较高——我们购买的Smartline灌溉控制器的成本确实很高——但增量成本仅为361美元，而且现在价格已经大幅下降。在Smartline的网站上，它根据节约的水量显示该系统的投资回报，通常在不到一年的时间内就可以收回投资。但是，由于我们挖了一口井，没有为灌溉用水支付任何费用，所以没有得到节水带来的经济利益。

无论如何，我们都想要一个灌溉控制器——这么做不仅是为了获得LEED得分，而是因为它的功能。它不需要设置浇水时间表，并适当地保持了草坪的湿度。

我们能够满足LEED的要求并获得了6分（除了因满足要求而获得的4分外，还因为出色的性能而额外获得2

分[①]），因为我们购买了由万美（Weathermatic）公司提供的Smartline灌溉控制器，该控制器设计完善，并且有第三方认证。吉米·斯帕克斯在灌溉系统运行期间进行了检查，确保了以下几点：

- 所有的喷头都在工作，并且仅向指定的区域喷水。
- 所有的开关或截止阀都工作正常。
- 所有计时器或控制器都设置正确。
- 所有灌溉系统都位于离家两英尺以上距离的地方。
- 灌溉没有喷溅到房屋。

任何时候，你都可以让第三方验证某些设施是否安装正确并按设计指标运行，这是值得的。你可以设计和建造更高效、更环保的房屋，但是如果安装调试不当，就不会有良好的效果。

室内用水

节水的最后一个组成部分集中在节水装置上：马桶、水槽龙头和淋浴喷头，它们通常占家庭室内用水量的三分之二。安装高效装置是一种简单、低成本的减少室内用水量的策略，因为最高效节水装置的用水量还不到传统替代品的一半。

选择用水器具是一个有意思的过程，因为市场上选择很多，你必须决定自己真正关心的是什么：如外观、感觉、功能、放置等（尽管本节中没有涉及洗碗机和洗衣机，但它们在第6章"能源"中的"家用电器"一节做了阐述）。一个家庭可以通过安装高效的浴室水龙头、淋浴喷头和马桶来减少室内用水量。我们总共获得了LEED评分中的3分，而这一项的总分是6分（所以我们本来可以做得更好）。

安装"低流量"或"高效"的用水器具始终靠近"环保建议"列表的顶部。低流量到底指的是什么？要想搞清楚这一点，需要了解的相关指标是：水槽和淋浴器的每分钟加仑数（"gpm"），以及厕所和小便池的每次冲水加仑数（"gpf"）。

---

① LEED评级系统会为超过某些性能标准的情况奖励额外的分数；这些称为"模范性能"分。

马桶

厕所的用水量约占室内总用水量的30%，所以就优先级而言，厕所的流量应高于水槽和淋浴器的流量。自1992年以来，马桶冲水率的联邦标准（每次冲水加仑数，或"gpf"）一直为1.6gpf。如果你仔细琢磨一下，就会觉得太疯狂了：一个人每次上厕所，就会浪费超过1.5加仑的新鲜饮用水！但是相反的，在像这样的室内管道发明之前，日常生活是很糟糕的。因此，好处与弊端是并存的，我们要去尝试减少已经习惯的生活方式中的一些弊端。

对于LEED得分来讲，所有厕所的平均流量必须最大不能超过1.3gpf；每次冲水为1.1gpf或更低，可以获得2分。现在市面上许多马桶的冲水量为1.28gpf，可节省20%的用水量。

对我们来说，选择双按抽水马桶是另一个明智的选择：市场上有几种型号的双按抽水马桶，价格与非双按抽水马桶的价格大致相同。东陶（Toto）和科勒（Kohler）这两个品牌都有可供选择的型号，我们选择了东陶是因为我们更喜欢它的外观。双按抽水马桶顶部有两个按钮：一个用于"大"冲水（1.6gpf），另一个用于"小"冲水（0.9gpf）。

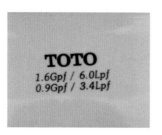

东陶抽水马桶

LEED认为双按抽水马桶的平均冲水率为1.25gpf，因此我们得到了1分，并节省了大约22%的水。假设每天冲洗马桶4次，一个四口之家每年可节省约2000加仑（约7570升）水，即10美元。我喜欢每年可以节省2000加仑水；每年多省出的10美元，虽然不多，但总比一分没省要好。

水槽

如果借助老花镜的话，你通常可以在水龙头出水的地方看到用很小的字母写的流量。大多数常规的水槽水龙头的流量为2.2gpm。这意味着，如果你打开水龙头1分钟，它将使水箱中装满2.2加仑的水。这使得刷牙、洗脸、剃须等行为都非常重要，因为人们每天消耗的生活用水往往超过所需的水量，因此用水量会不断累积起来。按照LEED的定义，"高效"水槽水龙头的最大流量为2.0gpm，"更高效"水槽水龙头的最大流量为1.5gpm。

需要注意的是，厨房水龙头不包括在该得分中，因为厨房中的大部分用水都是基于体积来计算的：比如装满几杯水和几锅水。但我认为它应该包括在内，因为仍然有大量水被浪费的情况，尤其是热水，浪费在了洗手和冲洗碗碟上，而低流量的厨房水槽水龙头也可以节约水、能源和金钱。一般来说，厨房水槽产品不会宣传它们的流速低，因为似乎没人在意。所以，我们在本节中会详细探讨浴室水槽。

选对水槽产品应该是获得LEED 2分的一种简单方式。我想购买是科勒洁具Purist单控盥洗龙头，其最大流量为1.5gpm。许多商业建筑的水龙头流速可低至0.5gpm，这一数值是LEED对公共厕所的标准。我也想降低到这个水平，如果我们在水龙头上安装一个低流量的曝气器，就有可能实现。

然而，我丈夫和我们的建筑师更喜欢多恩布拉赫特（Dornbracht）系列的水龙头和淋浴喷头。不得不说它们更美观、更耐用，但更昂贵。多恩布拉赫特是一家德国公司，所以我认为它们的产品的水流量可能会低于美国制造的水龙头，因为德国一直是可持续实践的领导者。但是我们为外形和功能而选择的水龙头，它们的流量都是2.2gpm，这个数值对于LEED评分或单纯节水而言，都太高了。

我寻找过可以安装在大多数水龙头上的标准曝气器。曝气器通过将水与空气混合来降低每分钟的加仑流量，因此，在压力相同的情况下，你可以使用更少的水。曝气器在家得宝（以及其他地方）有售，通常会由当地公用事业公司免费提供，以减少能源费用（曝气器为你节省了热水，也节省了用于加热水的能源）。但是曝气器只能适配"标准"规格的水龙头，多恩布拉赫特的产品很显然不"标准"。因此，到目前为止，我一无所获，我输掉了这场战斗。

但是我没有放弃！在我们搬进来之后，我在为我们为申请LEED认证购买的所有产品进行记录的同时，也在四处寻找更多的LEED得分点，

安装水龙头曝气器

以使我们的住宅评级能迈上金级门槛。我想起了与水流量有关的这项得分——事实上,我有点后悔没有实现它。从我们最初确认曝气器规格,时间已经过去了两年,所以我再一次与厂商进行了沟通,这一次,他们设计出了适合我们水龙头的曝气器,可以使流速降低至1.5gpm,为此获得了LEED 2分。

虽然大多数曝气器是免费的,或在10~15美元,但我们订购的曝气器是每个20美元(都是多恩布拉赫特制造),我们有6个水槽,因此总费用为120美元。我自己安装了它们,大约只花了10分钟(安装过程确实很容易),因此没有额外的人工成本。

在成本/收益分析中,假设每个人每天使用水龙头一分钟,用于洗手洗脸、刷牙、剃须(这是一个非常保守的估计)。将流速从2.2gpm降低到1.5gpm可为我们每人每分钟节省0.7加仑水。由于我们家有四口人,因此每天能节省2.8加仑,每年总计超过1000加仑。现在,水便宜得离谱(每加仑大约0.5美分),这样每年只能节省5美元。如果把减少热水消耗从而节省的能源也计算在内,我估计节省的能源大约是原来的两倍。如果你可以免费得到这些曝气器,会立即带来经济收益。由于成本低、易于安装、持续节水以及能够获得LEED额外2分,选择低流量水龙头是一个很好的选择。当我知道我们节约了那么多的水,只占用了我10分钟的时间时,我确实很高兴。

找到高效装置的一个简单方法就是寻找带有美国环境保护局WaterSense标签的产品。拥有此标签的产品不仅意味着效率更高、能帮你省钱,而且它们还经过了功能测试,以确保它们能提供充足的流量。曝气器并没有改变那些昂贵的多恩布拉赫特水龙头的外观和美感,我有一段视频,我丈夫承认他分辨不出安装曝气器前后流量的差异。

沐浴装置

淋浴通常占家庭室内用水量的17%。自1992年以来,标准淋浴喷头的水流量为2.5gpm,但过去使用的喷头流量更高,介于5~8gpm。美国环境保护局的WaterSense标签可确保产品的最大流量为2.0gpm或更低。这将为我们赢得LEED 1分;如果控制到1.5gpm以下,会得2分。

在淋浴设备方面,我们做出了妥协:吉姆把他的多恩布拉赫特淋浴设备放在主浴室,儿童房和客用浴室用的是科勒品牌。这最终变成了费用上而不是用水效率上的妥协,因为这两个品牌的流量都是2.5gpm,比最低要求的2.0gpm高出一点。2.5gpm的流量实际上是联邦法规允许的最大流量。现在，流量低的淋浴喷头非常普遍，很容易找到，你只需要去询问商家就行了。

实际上，无论流速如何，如果我们进行20分钟的长时间淋浴，或者每天淋浴多次，这都不是有效的用水方式。然而，这是所有绿色建筑评价体系都面临的问题，因为它们只能规定建筑物的设计和建造方式，而不是人们的使用方式（唯一的例外是"LEED既有建筑物评价体系"，该体系可以监测持续的能源、水和浪费指标。这是我最喜欢的评价体系，但该评价体系目前不适用于住宅）。

低流量淋浴喷头的节水量取决于相比较的产品。如果你正在安装新的淋浴喷头，直接选择低流量的喷头并没有增加成本，所以省钱是一种纯粹的胜利。2.5gpm（当前要求）与2.0gpm之间的差值可省20%的用水。但随着时间的推移，这能节省多少钱呢？

让我们再次运用数学运算来分析收益（最棒的部分）。假设一个四口之家每天淋浴时间为5分钟，使用2.5gpm的喷头淋浴，则每年会在淋浴中用掉18250加仑（约6.9万升）的水。如果使用2.0gpm的喷头淋浴，每年将使用14600加仑（约5.5万升）的水，节省了3650加仑的水。但是请记住，水的价格很便宜，每加仑约0.5美分。因此，每年仅节省18.25美元。一般的经验法则是，每加仑热水的成本约为1~2美分，因此我们可以实现每年36~72美元的额外节省。对吉姆来说，这样的理由不足以改变对淋浴喷头的选择。但总的来说，每年节省100美元确实可以证明使用低流量淋浴喷头在经济上是合理的。

如果你正在改造现有房屋，更换旧的淋浴喷头从经济角度来说则是另一回事。低流量淋浴喷头在市场上广泛有售，价格在10~50美元之间，取决于设计和质量。对于一个四口之家，如果每天淋浴5分钟，一个流速为5.5gpm的老式淋浴喷头每年要用掉40150加仑（约15.2万升）的水。如果将流量降低到2.0gpm，每年将节省25550加仑（约9.7万升）的水——相当于一个大型游泳池所能容纳的水量。这意味着每年可省128美元的水费，另外还可省225~450美元的能源费，因为淋浴会使用热水。如果你有两个浴室，每个淋浴喷头的价格为20美元，一个月即可收回成本。因为低流量沐浴喷头在性能方面没有任何牺牲，所以这是另一件很容易做出选择的事情。

节水的费用和意义

更加绿色的选择	费用	意义
雨水桶	雨水桶及其配件的价格：大约100美元 每个雨水桶节省的水费：大约6美元 **价格低廉**	你所居住的城市不提供补贴的话将会是个糟糕的投资；你不会因此获得LEED得分，除非你的屋顶非常小；视觉上不美观 **没有意义**
中水	会使你的管道价格翻倍 **价格高昂**	管道工程量很大；维护工作量也很大 **没有意义**
市政水循环系统	你所在的城市未必可以提供 **无任何花费**	如果你的城市提供 **非常有意义**
高效灌溉系统	灌溉系统的价格为3000～7000美元，具体取决于规格以及覆盖范围；如果已安装灌溉系统，一个灌溉控制器只会额外花费200美元；第三方检查服务费为100美元 **价格低廉**	能够节省大量的水及相应的花费；可以更好地满足你的景观美化需求，因为它减少了浇水过多和浇水不足的情况。 通过LEED认证的好处之一就是经过第三方验证该系统是否设计合理、运转正常 **一定要做到！**
低流量室内用水器具	水龙头曝气器的价格非常低廉，每只价格为0～20美元。 低流量淋浴喷头和抽水马桶的价格与市面上替代品的价格无异 **无增量成本**	能够节省20%的水费。 非常容易预先指定给建筑商。 曝气器的安装非常容易 **一定要做到！**

第 8 章

耐用性

在"绿色"成为流行语之前，我一直认为事物应该尽可能简单、持久和本地化。

——凯文·斯特里特（Kevin Streeter），Streeter & Associates公司董事长，摘自文章"现代、简约并与大自然同在的家居"（Modern, Minimal, and at Home with Nature），载于《明星论坛报》（Star Tribune），2008年6月17日

在"为了我们的财富"这一部分的最后一章，我阐述了可持续发展的一个更具体的表达——耐用性，或者说是建造一个持久的家园。它帮助你省钱的方式更加抽象，但总的来说，它降低了维修和更换的费用。另外的好处是：如果维护和维修工作量不大，就能够减少操心时间，或自己动手进行维护和维修。

LEED住宅评价体系在"耐用性管理流程"中规定了两个先决条件和三个附加条款。LEED不会告诉你在室外该使用什么类型的设备、窗户或材料等细节，这些既有可能提高也有可能阻碍房屋的耐用性。这是我们所有人都必须要自己学习的内容，就像在医疗保健中的自我认知。你必须对家庭中使用的每种材料提出尽可能多的问题。最好的问题总是："如果这是你的家，你会怎么做"（就像我问我们的儿科医生一样，"如果这是你的女儿，你会怎么做？"），这样总能找到最诚实的答案。

建造一个具有耐用性和韧性的家园

然而，LEED住宅评价体系确实规定了耐用性规划和管理过程。我加

上了"韧性"一词，是因为随着飓风、龙卷风和强风暴对建筑物、景观和社区造成严重破坏，并且随着我们对建筑物如何承受自然灾害有了更多的了解，韧性设计在建筑业界就变得越来越普遍。

为了建造更耐用和更具韧性的房屋，LEED要求在施工之前，项目团队必须做到以下几点：（a）填写耐用性风险评估表，鉴定建筑物构件是中风险还是高风险；（b）制定具体措施以应对这些风险，以及（c）确定并采纳所有适用于室内的湿度控制措施，如下所述：对于浴缸和淋浴器，在墙壁上使用无面纸背衬板；对于厨房、浴室、洗衣房以及距离外门3英尺（约1米）范围内的入口：使用防水地板，不要铺地毯；对于起居空间内或起居空间上方的水箱热水器和洗衣机：安装排水管和排水盘；对于常规的衣物烘干机：废气直接排放到室外；（d）将这些措施纳入项目文件；（e）在耐用性检查表中列出所有耐用性措施，以供核实。[①]

哎！由于这是一个先决条件，很显然我们必须做到所有这些。我们建筑商的项目经理填写了风险评估表，其中包括自然灾害的风险、常见的区域性虫害以及房屋下方地下水的深度。他至少花了几个小时（我也多次提出要求）。对我来说，我必须逐一检查每个项目，然后问："你们一般也是这样做吗？"他们清楚我询问的所有问题，并且理所当然地都做到了；他们通常不需要把它们都写下来。这就是列清单的魅力和力量。而且，它允许进行第三方验证，这样一来就能获得LEED 3分。

但是，比获得LEED得分还要重要的是质量保证过程，这对于任何建设项目都是至关重要的。《LEED住宅参考指南》阐述了主要的几个与耐用性有关的风险：

- 室外水源（对我们来说是高风险，因为我们的居住地会有大风暴并且我们的住宅靠近湖边）；
- 室内水分负荷（由于我们的房屋位于地下河流之上，因此对我们来说风险中等）；
- 空气渗透（对我们来说风险低）；
- 间隙凝结（这个花哨的词语是指由于温度和湿度水平的差异，房屋内壁和房屋外部之间的水蒸气达到结露的程度，并且我们无法看到墙壁和顶棚内部水分的形成，这增加了滋生霉菌和腐烂的风险；由于我们所在地的温度和湿度都非常高，因此风险很高）；

---

① *LEED for Homes Reference Guide*, 37.

- 热损失（高风险，我们生活在明尼苏达州）；

- 紫外线辐射（低风险，我们生活在明尼苏达州）；

- 害虫（低风险——有蚂蚁、日本甲虫和箱虫，但幸运的是没有白蚁）；

- 自然灾害，例如飓风、地震、野火[1]（整体风险较低，但我们确实会遭受龙卷风和暴风雪的袭击，而且这几年发生得越来越频繁）。

这些内容对于任何建筑项目来说都应该被考虑，并且也是韧性设计规划的关键组成部分。所有房屋最终都会以某种方式达到使用寿命。以伪劣的方式建造房屋、家具、产品等且导致它们损毁，是不负责任的商业行为。能在设计和施工过程中尽早解决耐用性风险的业主和建筑商，房屋发生故障的可能性就更低，这也意味着直接转化为节省维修成本。

通过进行全方位的危害评估并解决以下两点，可以提高建筑物韧性：1）如何建造一个更坚固的房屋。这可能意味着屋顶、窗户的强度以及房屋与基础连接的强度[2]会超出建筑规范要求。2）如何在自然灾害袭击后保持建筑功能。由于我们的住宅非常依赖能源，电网又可能被风暴摧毁，备用发电是我们首先要解决的问题之一。备用电源可以通过连接太阳能光伏电池板提供（如第6章所述，这一点我们没有做到，但是该方法值得考虑），或者更常见的是由发电机提供。备用发电机（与便携式发电机相比而言）是永久性安装的天然气发电机，在断电时会自动启动。它们的体积大小取决于瓦数，可提供一定千瓦时的电力；体积越大，发电能力就越强，设备的价格也越高，占用后院的空间也越大。

要为我们房屋的发电机选择合适的规格，就必须确定电力需求的最关键因素。这意味着要重新考虑一下我们在生活中真正想要的是什么，要在规格大小和成本之间取得平衡。搞清楚我们的电力"需求"具有挑战性，这就是为什么我们必须要与电工商讨解决这个问题的原因。例如，如果我们想要发电机为空调供电，这是否会使成本变得很高？（是）。这真的很有必要吗？（否）。我们最终决定，如果断电，我们只需给以下设备供电：地下室中的污水泵、冰箱和冰柜、车库门开关、天窗开关，以及厨房、浴室和地下室中的一部分LED灯，还有一个插座（为手机和笔记本电脑充电）和一个用于防冻的热泵。我们认为可以放弃空调、通风设备以及许多

---

[1] *LEED for Homes Reference Guide*, 37-39.

[2] 商业、家庭和安全保险协会（IBHS）为此目的开发了强化家庭计划（FORTIFIED Home program）；更多信息请访问www.disastersafety.org。

其他需要电的东西，例如洗碗机、洗衣机、烘干机、烤箱、电视和其他照明设备。所有这些意味着我们需要一台12000瓦的发电机，成本为11000美元，这是一个相对较大的发电机，但是由于我们的热量来自电动热泵，而不是天然气，所以这个规格的发电机是必要的。

我们的发电机放置在屋后，它外表丑陋，长3英尺，宽4英尺（约1.2米），高不到3英尺。需要更换机油和滤清器进行一年一度的维护，每年花费350~400美元。为了确保可靠性，它还必须每周开动一次。因此，每个星期天的下午，有20分钟的时间，迎接我们的是巨大的噪声和难闻的汽油味。我将发电机视为一种保险：你讨厌为它付费，但是当你真正需要它时，你会很高兴当时购买了它（不过，如果我们能重来一遍，我会放弃燃气发电机，转而考虑太阳能电池作为备用电源）。

设计具有韧性的住宅是一个新兴趋势：官方正在开发新的程序和评价体系，并且新版LEED正在致力于解决这个重要问题。可以肯定的是，虽然几乎所有LEED得分的首要目标是提高用水效率或能源效率，但这些同时也有助于提高房屋的耐用性。另外两项LEED得分值得一提，因为它们不会在其他任何部分出现，但完全值得付出努力，那就是综合项目规划和业主教育。

综合项目规划

综合项目规划指的是项目团队中的设计师、工程师、建筑商和分包商，特别是机械、电气、管道和景观设计，从一开始就作为一个团队一起工作。虽然在最初的设计评审过程中，让所有的团队成员坐在一起似乎是在浪费时间，但事实并非如此。尽管我们是一个团队，都一样有良好的意愿，但并不是每个人都能出席同一场会议，这不利于团队合作。我们的项目建筑师在一次会议上与地源热泵分包商会面，讨论了高速管道系统的特点，这种系统需要在墙壁上布置更小但数量更多的管道。我们的设计师将其纳入了设计方案。遗憾的是，她没有参加与暖通空调承包商的另一次会议，在那次会议上，我们决定不采用高速管道系统，因为噪声很大，而且很难确定它是否适合我们有限的墙壁空间。由于某些原因导致信息交流不畅，当建筑商正在思索高速管道走向时，暖通空调承包商却带着大型金属管道出现了。这样一来，原本门厅的一部分顶棚需要刨掉，地下室的一面墙必须推倒以腾出空间，而这都是我们的设计师不喜欢的。那该怪谁呢？其实并不能具体归咎到某个人，但是如果所有人都能出席同一场会议，就可以避免这种情况。

　　LEED会因为你拥有一个完整的项目团队（我们就有）而奖励你1分。还有1分是为这个团队聚集在一起，参加一个全天的"设计专题研讨会"，将绿色战略整合到建筑设计和施工的各个方面。虽然由于时间和进度原因（并且当时没有人真正知道设计专题研讨会是什么或该如何做），我们没有举行设计专题研讨会，也就没有获得这额外的1分。但我曾为客户主持过这类研讨会，花时间举办研讨会非常值得，特别是对于复杂或有特别需求的项目。

业主教育

　　整个LEED房屋评价体系的最后一个先决条件是，业主必须接受如何使用和维护房屋的"基本操作培训"。这是为什么？从美国绿色建筑的角度来看，这是在房屋设计、建造和审核合格后，试图帮助业主减少资源消耗的第一步。毕竟"如果没有对业主进行适当的培训，LEED措施的全部优势可能无法得以实现。"[1]这是因为"一些购房者可能对绿色住宅建设知之甚少。"[2]这个说法不必隐晦。那么家庭经济学能起到什么作用呢？我说的不是缝纫、烹饪以及银行账户收支平衡（尽管这么做也是有益的）。我指的是如何照顾一个家。我有两个硕士学位，但在绿色建筑方面一无所知。我敢说，我们这一代人和年轻人几乎都不太懂家庭经营。我们不明白什么是预防性维护，直到有一个问题迫在眉睫无法解决。然而，遇到困难之后，才去学习如何避免，这样通常会得不偿失。

　　先决条件是承包商的施工人员至少要与房主一起在房屋中巡视一个小时，识别所有设备，进行操作培训和维护指导。竟然只用一个小时？开玩笑吗？我知道这听起来很无聊，但这是你自己的房子！我主张所有建筑商都应该为所有房主提供至少3小时的培训。如果你想要一个可持续发展的家，关键是建造和维护它，以使其能够持久使用。否则，所有那些前期投资，本来指望在将来能为你省钱，最终却只是让你花费了更多的钱。

---

①　*LEED for Homes Reference Guide*, 333.

②　*LEED for Homes Reference Guide*, 333.

第三部分

为了我们的心灵

环境问题中有一个道德维度，在某些情况下，它的影响甚至超过了纯粹的功利主义或经济微积分学。

——弗雷德里克·里奇（Frederic Rich），《走向绿色》（*Getting to Green*）

为你的心灵建造一个可持续发展的家园？这到底意味着什么？如果读了这本书，你就会知道，建造可持续发展的家园不仅是让你的家更健康，更高效。你知道你所做的每一件事都会对某人或某事产生连锁反应。你也知道，如果人类能够互相关照，我们可以做得更好。

起初，我认为这些已经囊括了所有内容，其中包括可持续性发展的选择——"更适合拥有"而不是"必须拥有"。这些决定既不会降低你房屋的运营成本，也不会对你的健康产生立竿见影的影响。因为不那么功利，我认为"为了我们的心灵"这一概括最不具有说服力价值，但我发现这么想是错误的，这是一个极其令人信服的概括，为什么呢？

对所做的事情感觉良好是人们追求环保的一个重要原因。我认识一些业主，他们只是简单地对建筑师或设计师说，希望自己的房子尽可能环保，而不知道太多的实际成本和收益。但他们希望感觉自己在为环境做些好事，并对消耗资源不那么内疚。我知道这曾经是、现在仍然是我的巨大动力。

正如我在学校、犹太教堂，甚至营利性企业进行交流时谈及为什么要走绿色道路，他们的主要理由往往是：这是应该做的事情。他们认为，在道义上，不仅要把可持续实践带到他们的组织中，还要把它教给学生，与员工互动。这反映了他们希望关爱地球，以便子孙后代也能享受绿色价值。成为致力于改善人们生活运动中的一员，可以让我们感觉有意义、有目标和有一种致力于比我们自身更重要事情的归属感。这就是"为了我们的心灵"的意义。

与本书的主题一样，"为了我们的心灵"共有三章：材料、景观和选址。这三个主题比以前的章节（如清洁的空气和能源）要具体得多，你可以看到并感觉到它们，基于更多美学吸引力做出选择，这使得对它们的讨论更加有趣！但它们都有一个共同点，那就是围绕健康、财富和心灵这三个价值观所做的选择，都会影响我们整体的生态足迹，也正因为如此，最终会影响到我们共同的健康、财富和心灵。

第 9 章
材料

我常想，最环保的材料就是不使用任何材料。因此，诸如放弃使用墙布之类的材料可被认为对环境有利的——为我们节省了金钱和资源。但是，如果你在探索更加绿色环保的路上前行，那么实际上，最环保的家就是没有家。如果继续探索前行，那么结论一定是：最环保的人类就是没有人类。因此，你会看到诸如《低碳生活：一个有罪的自由主义者的冒险》（*No Impact Man：The Adventures of a Guilty Liberal*）和《一个生态罪人的自白》（*Confessions of an Eco-Sinner*）之类的书出现在市面上。啊，身为人类的罪恶感！想要东西的罪恶感！但我们该怎么办呢？我更愿意相信我们人类可以与地球共生。这并不是在比赛谁是最环保的人，这是我们所有人共同的思考：如何做出支持生命的环保选择。如果环保运动试图通过要求禁欲、羞辱人们的消费行为和告诉我们资本主义是敌人来赢得胜利，那么我们就不会在环保之路上走得太远。

我梦想有一天世界上再也没有"绿色"材料，因为按照威廉·麦克唐纳（William McDonough）的《从摇篮到摇篮》（*Cradle to Cradle*）中的哲学思想，所有产品都将是闭环设计的。在那一天到来之前，我们仍然可以通过遵循LEED的采购和废物管理标准来改进我们今天所做的事情。因此，本章分为两部分：用于框架、橱柜、地板、台面、饰物等的材料采购，以及现场产生的废弃物。

采购材料

虽然为我们的房屋选择材料通常是很有趣的过程，但也是最令人不知所措的。这些重大决定每天都会影响房屋的外观和感受。试图用绿色环保的视角看它可能会令人生畏。我们在这些决定上花费了大量时间，而朋友问我的大多数问题也是围绕材料的选择。好吧，我应该澄清一下：我的女性朋友问我的是关于材料选择的问题，而我的男性朋友则问我有关地源热泵、太阳能和锅炉的问题（想想你自己喜欢的是什么，但这是我的亲身经历）。

从生态足迹的角度来看，材料非常重要，因为他们的提取、加工和运输过程可能会污染空气和水，破坏自然栖息地，并耗尽自然资源。[①]在《LEED住宅参考指南》中，"环保产品"指的是一种比传统替代品对环境损害更少的材料或产品。然而我在这里明确一点：我们仍在谈论购买新的材料，这意味着种植或开采、加工和运输这些新材料并送到我们的家中，这些过程需要大量的能源和资源。LEED只是鼓励我们不要变得更糟。LEED评价体系并未将此类列为"可持续"材料，因为并没有真正的可持续版本。至少我是这么认为的。

在我们的房屋完工之后，我在明尼阿波利斯的《明星论坛报》上看到一篇文章，文章介绍了一座房屋，该房屋完全采用二手材料建造和装修。读了这篇文章后，我为自己认为我们所做的一切都是可持续的而感到羞愧。我把这篇文章给吉姆看："看看这所房子，我们也应该这么做！"。他看了看文章里的照片，房子设计五花八门，里面摆满了古董，还有各种各样的木材和金属，他毫不犹豫地驳回了我的观点："不可能，我绝不会住在那样的房子里。因为室内空气会很难闻！"好吧，也许二手材料与可持续材料不是一回事，但应该首先考虑它们。如果附近有一个再利用中心或仁人家园（Habitat for Humanity ReStore），使用其中的一些物品可以节省很多钱，并且也肯定会减少你的环境足迹。

更具可持续性或不那么糟糕的选择，被定义为是由回收物（与可回收材料不同）、FSC认证的木材，和/或本地种植或人工制造的材料。对于LEED得分来说，这真是一大亮点：我们总共可以获得8分（这项LEED认证也有关于低排放的标准，我在第4章"清洁的空气"中提到了这一点）。由于这是一个条件较为复杂的得分项，因此我首先定义对环境更有利的每项标准，然后再讨论我们对9个不同的建筑组成部分的考虑。

回收材料

简单地说，含有可循环成分的产品比传统的替代品对环境和人类的危

---

① *LEED for Homes Reference Guide*, 233.

害更小。被"再利用"的产品也属于这一类。要获得LEED得分或使之有价值，至少材料中90%的给定物（按重量或体积计算）必须符合要求。现在，许多材料声称它们是由回收材料制成的，因此了解其定义和门槛是很重要的。

回收物是指消费后至少25%可回收或消费前至少含有50%回收成分的材料。消费前回收物，也称为工业加工后回收物，仅能算作消费后回收物的一半。这是为什么呢？在评估产品的回收成分物时，消费后回收物实际上更为重要，因为这可以形成产品制造的闭环。消费前回收物有点像是厂商为了洗绿使用的借口，因为这只是一种有效的制造过程，通过使用可能会被浪费的垃圾或废料来降低制造商的原材料成本。这种做法只是不错的商业行为，但并不能帮助我们更接近循环经济。所谓循环经济就是一个"闭环系统"，是指将消费后的垃圾用作其他用途或其他材料的原材料。回收物是从拆迁现场回收的材料，但是只有消费后的回收材料才能被计算在内，而建筑施工剩余物不包括在内。

我们积极寻找由回收材料或再生木材制成的产品，因为我们提倡这种美学。现在市场上有越来越多这类产品，也负担得起。

FSC木材认证

由于木材是一种无处不在的建筑材料，因此，木材拥有独立的通过FSC认证的可持续发展评级。木制轻型框架于19世纪上半叶问世，是最便宜、用途最广泛的耐用建筑结构，因此成为北美小型住宅和商业建筑的通用形式。[1]木材还是地板和橱柜的首选。木材的缺点是着火后燃烧迅速，遇水会腐烂，并且会随湿度和温度的变化而膨胀和收缩。然而，木材是一种美观的可再生资源，因此它仍然是住宅建筑的主要组成部分。

那么使用木材有什么问题呢？主要的问题是对热带地区木材的采伐，不良的林业行为使热带雨林退化，并对气候和生物多样性造成了不可逆转的损害。[2]据热带雨林基金会的数据，热带森林约占地球陆地表面的7%（占总表面的2%），养活超过50%的物种。目前热带雨林的破坏速度大约为每秒一英亩，每年都会有一个物种灭绝。[3]由于这些原因，木材的选择至关重要。在最好的情况下，购买木材可以资助雨林可持续社区倡议。在

---

[1] Edward Allen and Joseph Iano, *Fundamentals of Building Construction Materials and Methods*（Hoboken, NJ: John Wiley & Sons, 2004），144-5.

[2] *LEED for Homes Reference Guide*, 251.

[3] www.rainforestfoundation.org.

最坏的情况下，购买木材可能会导致家庭贫困、森林乱砍滥伐或野生动物受到伤害。①

为了解决尚未以可持续方式管理森林所带来的问题，有些机构推出了一些认证计划。美国绿色建筑委员会支持森林管理委员会（FSC）的认证，因为FSC是一个第三方产销监管认证，表明木材已经采用可持续的方式种植和采伐。但目前该认证仍存在争议，以至于一些州（例如缅因州和佐治亚州）出台立法，完全禁止LEED认证。他们认为LEED是不公平的，只承认FSC认证是对森林进行可持续管理的唯一绿色认证。直到2016年，美国绿色建筑委员会才将可持续林业倡议（SFI）的认证视为合法的可持续证书。SFI是来自造纸业和伐木业的组织，因此他们的认证被视为类似于看守鸡舍的狐狸。但该行业组织不同意这一说法，并已经通过行动证明事实并非如此。美国绿色建筑委员会现在也承认美国林场体系（ATFS）是一个合法和可信的认证体系，这是美国绿色建筑委员会的一个重大举措，因为它有助于扩大家庭森林所有者和可持续林业的市场。②

FSC认证木材标志

在LEED房屋评价体系中，有一个与木材有关的先决条件：如果有意使用热带木材（很难想象会无意使用），则必须经过FSC认证（除非是再生木材）。如果木材生长在北回归线和南回归线之间潮湿的热带国家，则被认为是热带木材。在此明确说明哪些国家生产的木材被归类为"热带"木材（因此，如果木材生长在这些地区，必须经过FSC认证）：

- 非洲的所有国家/地区，除摩洛哥、突尼斯、阿尔及利亚、埃及、利比亚外。
- 亚洲和东南亚的所有国家，除日本、朝鲜、韩国、俄罗斯外。
- 大洋洲的所有国家，除新西兰外。
- 南美洲所有国家，除乌拉圭外。
- 除墨西哥外，北美洲内的任何国家都不包括；欧洲或中东的国家也不包括。

---

① Natural Resources Defense Council, "How to Buy Good Wood," accessed October 24, 2017, https://www.nrdc.org/stories/how-buy-good-wood.
② Tom Martin, "A Win for Forest Conservation: US Green Building Council to recognize ATFS," *Huffington Post*, April 8, 2016.

对于非热带木材，像大多数住宅框架使用的木材一样，LEED会为选择FSC认证的木材授予得分，但这并不是强制性的。我们要求建筑商为用到木材的每个地方（包括框架、橱柜、门、装饰物和部分外部结构）都提供常规木材和FSC认证木材的替代报价（请参阅下面的材料选择，以了解这么做是如何为我们提供帮助的）。

本地材料

我们都听说过"本地化采购"或"全球化思考，本地化行动"。这么做是为什么？选择来自遥远地方的产品增加了与建造新房相关的运输能源消耗。但是"本地"的真正含义是什么？LEED将本地产品定义为能在住宅500英里（约805千米）范围内提取、收获、回收或制造的产品。这一距离可以是行驶距离，也可以是直线距离，以较短者为准。

显然，与通常来自亚洲的竹子相比，那些不需要远距离运输就能送到你家的建材可以节省交通燃料。许多人关心本地生产的产品，也因为他们更愿意支持本地经济。我认识一对得克萨斯州的夫妇，他们希望家中的所有东西都是100%美国制造的。事实证明，这对他们的设计师来说相当困难，尤其当涉及照明灯具时。即使某件东西是在美国组装的，很多时候产品的零部件还是来自海外。对我们来说，购买本地产品从来不是优先选项，因为限制太多，很难做到。但是，如果本地有相同产品可供选择的话，我们会选择本地产品。

除了油漆、涂料、黏合剂和密封剂外，我们选用的所有材料都符合本地材料标准。找出每一种材料的来源并确定它们是否来自本地是一个困难的过程。由于我们的石膏板和混凝土地基属于本地材料，我们最终得到了1分（各得0.5分）。

就像我们所选择的材料一样重要，我们可以制定标准专门排除某种材料。乙烯基（PVC或聚氯乙烯）为我们列出了清单。乙烯基是挥发性有机化合物的重要来源——你是否曾经购买过新浴帘，却因为它的气味而头痛？从诞生到死亡，乙烯基都是有害的：乙烯基的生产具有很高的毒性，难以回收，丢弃时会释放出二噁英，燃烧时会释放出致命烟雾。乙烯基中含有邻苯二甲酸盐，这种化学物质会破坏人体的内分泌系统，尤其是儿童。[①]

除了浴帘，还有哪些家居产品含有乙烯基？清单很长，但其中包括外

---

① Eric Corey Freed and Kevin Daum, *Green Sense for the Home: Rating the Real Payoff from 50 Green Home Projects*（Newton, CT: The Taunton Press, 2010），168.

墙板、可更换的窗框、地板、管道、尼龙和烯烃地毯衬底，以及最糟糕的墙壁覆盖物。墙壁覆盖物的唯一作用就是让墙壁看起来漂亮，但会让一个家变得非常不健康。问题在于大多数标准的墙壁覆盖物都不透气，因此冷凝水会被困在后面，从而导致发霉。墙纸胶粘剂也会释放气体。对我来说，看起来很酷的墙壁与很容易发霉的墙壁并不是一个公平的权衡，因此我们没有贴墙纸。如果必须覆盖墙壁，使用天然纤维制成的健康替代品会是一个更好的选择。

本节介绍了面向每个建筑商和大多数改建商提出的9种主要材料选择。前3种是地板、橱柜和台面选材，从房屋的设计、外观和居家感觉的角度来看，它们都是最重要和最有趣的。在改造过程中，它们经常发生变化。这就是其位列首位的原因。第4种是外部壁板的选材，这部分显然具有较多的设计元素。最后5种是内墙、框架、屋顶、保温材料和地基的选材，这些在改建中很难更换（讨论起来也没那么有趣）。尽管如此，仍然将它们包括在内，因为它们对房屋的生态足迹和LEED认证都有影响。

地板

在任何决定中，可能选择地板花费的时间最多，因为它对一个家的美观和感觉影响巨大。在之前的公寓中，我们选择了竹制地板，因为它的美观和所谓的可持续属性，因为它是一种可快速再生的植物，不需要砍伐树木。与亚麻油毡、软木、FSC认证或再生木材、密封混凝土、具有可回收成分的地板和羊毛地毯相同，它也被LEED评价体系列为"环保型"地板材料。事实上，尽管竹子是一种可快速再生的产品，但它的加工需要大量能源，运输要横跨太平洋。从可用性的角度来看，它是一种非常坚硬的材料，但很容易被划伤和刮伤。我们还发现它很难与其他材料匹配，如木制家具。因此，我们绝对不会再选择竹制地板。

还有其他的选择吗？我们考虑过木材、软木、地毯和瓷砖。但是在每个选择当中，都有许多额外的选择、优点和缺点，以及绿色环保程度的差异。

房屋的首层是我们清醒时度过大部分时间的地方，首层的选材是我们做出的最重要决定，也是我们为之苦恼最多的决定。主要的影响因素是我们采用了液体循环地板采暖（水为热源）。这需要我们

板岩瓷砖地板。图片来源：Paul Crosby

去了解不同材料的热性能。另一个影响因素是我们首层的开放性：整个楼层唯一的一扇门是通向化妆间的。这意味着地板的任何变化都决定着房间风格或用途的改变，这不是我们所希望的。因此，真的需要在每个地方都使用相同的材料，以保持连续性。

我们首先考虑的是木材，因为木材是一种可再生和可生物降解的材料，而且它很漂亮。通过购买经过FSC认证或再生的木材也能实现环保。但是将木材用在液体循环地板采暖系统上并不理想。首先，它会随着温度的变化而膨胀和收缩。但更重要的是，与石材和混凝土等材料相比，木材具有低导热性（高隔热能力），因此，木地板可以隔离地板内产生的热量。另外，由于地板下方的供暖出现问题，我的姨妈和叔叔不得不将木地板拆掉两次。我们想要避免这种问题。

我们还考虑了软木地板。软木通常被认为是一种可持续材料，因为它是从树皮中获取而不是砍伐树木，树皮会重新生长。每棵树可以采剥7次用于制作软木的树皮，其后树皮不再生长。问题在于软木橡树只生长在葡萄牙、西班牙和北非的地中海地区。因此，软木是否符合可持续材料的定义会因人而异。软木的好处是踩在脚下感觉相对柔软，有很好的隔声效果，并且使用寿命长——我们购买的软木提供为期50年的保修（Wicanders品牌）。缺点是，如果被地毯覆盖或暴露在阳光下，软木的颜色会显著褪色。与木地板一样，它也是地板采暖的隔热体。综上所述，我们决定只在车库上方的办公室里使用软木地板。这是一种尝试只在家里部

办公室内的软木地板。图片来源：Paul Crosby

分区域采用软木的方式（它确实很漂亮），而并不是所有的地方。我们还发现了一种工程软木地板，而不是传统的软木地砖，这种产品在美观度和软木质感上有极大的提升。

接下来，在首层的选材方面，我们研究了石材瓷砖，因为它用于地板采暖系统上具有出色的导热性。我们的设计师经常选用12英寸（约30厘米）见方的石板地砖，因此我们能够想

象他设计的其他房屋（例如他自己的房屋）的模样。我们真的很喜欢它在冬天能够维持热量，在夏天保持凉爽，以及它给人的一种接地气的感觉。石板地板在绿色方面的表现为：它非常耐用且持久，并且不会释放气体。除了定期清洁，它不需要打磨、密封等任何其他维护。它不吸水并且完全防火。缺点是必须通过开采来获取。美国大多数的板岩来自纽约州北部和佛蒙特州。我们的产品来自位于纽约州中格兰维尔（Middle Granville）的Hilltop Slate公司。选择石板地板的决定是在功能性、美观度、舒适度和能源效率之间的平衡。

　　因为木材具有美观和温暖的优点，我们打算将木材也应用到家里的其他地方。我们将回收杉木用于楼梯踏板，那里没有地板采暖，并且踏板是开放的，可以透过光线和空气。这棵冷杉是德卢斯木材公司（Duluth Timer Company）从旧仓库采购的。这些开放的楼梯踏板厚实耐用，给人一种乡村般质朴的感觉。随着岁月的流逝，楼梯会变得越来越漂亮，任何磨损都只会增强木材的特质。纵梁和竖板（在通往我办公室的楼梯上）也是采用的回收杉木。

采用回收杉木做的楼梯。图片来源：Paul Crosby　　　　　　　通向办公室的回收杉木楼梯

　　对于楼上卧室的选材，我们讨论了是使用软木、木材还是地毯块。我们最终决定使用带有黄麻衬里的羊毛地毯来铺盖整个地板。这个决定主要是出于舒适度。铺上地毯能为首层的硬石板地面提供了很大的缓冲。此外，地毯用在卧室也很不错。尽管羊毛地毯通常比尼龙地毯更昂贵，但好处也很多：更耐用、触感柔软并且具有天然的阻燃性。

　　对于地下室，我们选择了密封混凝土（以及我们的车库，但这里不对车库阐述）。这主要是因为我们确实不想要地下室，一是因为不需要这个空间，二是不想要一个可能会变湿和发霉的房间。但是，建筑商说服我们要有地下室，因为我们需要个机房。鉴于我们住宅的占地面积相对较小，因此我们不想让机房占用院子的空间。他们还强调说，这是我们可以建造的最便宜的空间，因为无论如何我们都必须为房屋建地基，所以，还不如在下面建一个地下室。我们默认了，但不知道在地下室里做些什么，留下了未完工的混凝土墙。我们知道将混凝土裸露在外也是一种"绿色"技术，因为放弃了使用其他建筑材料装饰混凝土。因此，与我们为地下室刻意选择绿色环保的地板材料的做法不同，更多是因为我们对地下室的具体需求缺乏决策，不过这样一来可以节省钱。

刻意留下未修缮的混凝土的这一做法对我们的健身室和工艺美术区来说效果很好。另一个好处是，如果地下室中出现任何漏水或积水的问题，我们会立即察觉。导致霉菌滋生问题的大多数原因是水存在于看不见的地方，也无法迅速变干（需要在48小时之内变干）。例如，铺有地毯的地下室可能正处于发霉的风险之中。我们给地下室的一部分安装了FLOR地毯块。FLOR曾由雷·安德森（Ray Anderson）经营，是美国第一批了解商业生态的公司之一。[1]作为一家公司，他们的目标不仅是追求可持续性，还有可恢复性。除了出售由回收材料制成的地毯块之外，客户还可以免费寄回地毯块，让他们回收利用。与整片地毯相比，地毯块更易于维护和修理。例如，如果有一个区域被弄脏或弄湿，我们只需更换一块地毯块，而不必撕掉整片地毯。

底层密封混凝土地板

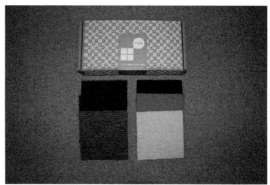

FLOR地毯块和一些样品

---

① 雷·安德森的TED Talk更详细地介绍了他的公司。他深受保罗·霍肯（Paul Hawken）的《商业生态》（*The Ecology of Commerce*）的影响，这本书经常被认为唤醒了商界对可持续发展问题的关注。

LEED住宅评价体系会对符合以下任何环保标准的地板给予分数：它可以是油毡、软木、竹子、FSC认证或再生木材、密封混凝土、羊毛或再生材料地板的任意组合（达到45%会奖励0.5分，90%则为1分）。对我们来说，只有石板地砖不符合环保标准。但关键的问题是：我们的混凝土+软木+楼梯+羊毛地毯的面积总和是否超过地板总面积的45%？结果是占总面积的52%，所以得到了0.5分。

我们当时能够采取其他措施将这一比例提高到90%吗？我们唯一能做的就是将石板地砖转换成软木，或回收木材，或FSC认证的木材。从舒适性、维护性和耐用性的角度来看，石板地砖是首选，因此我们还会再次选择它，即使它没有能让我们获得LEED的0.5分。LEED还会为100%采用硬质地板（即任何地方都没有铺地毯）奖励分数，LEED不鼓励使用地毯，因为地毯会吸附污垢和污染物。所以，我们为了在楼上铺地毯不得不失去0.5分。

再来看看"本地"这个标准，我们的地板取材于哪里？虽然我们只有一个软木地板的房间，但是软木产自地中海，因此不能算作本地的。我们的石板地砖来自纽约州的北部，距离我们的住宅有500英里以上，因此也不算是本地的（尽管它至少是美国的）。我们的羊毛地毯是由Colin Campbell & Sons公司的子公司Nature's Carpet制造的。羊毛来自新西兰，制造于澳大利亚，尽管我们在选择地毯的时候并不知道（不仅在广告中没有提及制造地点，甚至在官方网站上也看不到任何说明）。

橱柜

热带木材具有独特的美观性和耐用性：红木、柚木和重蚁木是世界上常见的家用热带木材。我们选择不使用任何热带木材，这是为什么？在对环境有利或不利的选择方案中，很容易就可以做出不选购非热带木材的决定。因为非热带木材，比如橡木、松木、冷杉、樱桃和胡桃木都在北美有大量种植，且每种类型的木材都有其独特的美感。

我们大多数的室内木质橱柜采用的都是杉木贴面板。它具有温暖的橙色，随着时间的推移会变暗。在中密度纤维板上使用杉木贴面所需的杉木数量，要比使用实心杉木所需的数量少得多。与实木相比，中密度纤维板还有助于减少温度变化时产生的弯曲和翘曲，并且更便宜。

杉木贴面橱柜

我们已经为橱柜支付了30%的额外费用，以确保橱柜中没有添加脲甲醛（请参阅第4章"清洁的空气"）。要使橱柜获得FSC认证，还要付出更多的花费，而我们的橱柜制造商则认为这样会影响质量的稳定性。因此，我们不准备为FSC认证支付额外的费用。无论如何，我们家中90%以上的其他木材都通过了FSC认证，所以这一项我们放弃了。

我们的橱柜来自哪里？所有的橱柜都是Damschen Wood公司在明尼苏达州的霍普金斯市（Hopkins）制造的，距离我们仅约5英里（约8千米）。但是，要被视为"本地"木材，必须是在明尼阿波利斯方圆500英里范围内采伐的。我们橱柜中的大多数核心材料来自蒙大拿州的米苏拉（Missoula），相距1182英里（约1902千米）远，所以不算是本地的。

台面

在地板和橱柜之后，台面可能是住宅设计中的第三大决定。我们考虑了许多不同类型的材料，包括石英石（Cambria）、花岗石和基本层状岩。我在研究中遇到了许多种包含可回收或再生材料的台面，例如小麦板（我们在办公桌上使用）、基雷板（Kirei board，由高粱秆制成）和葵花籽壳制成的板。尽管有兴趣，但这些产品的耐用性尚未经过市场的考验，我们不喜欢他们的外观，感觉也不好。

其中一个引起我们注意的产品是Richlite，因为它看起来像经过打磨的花岗石，但又不像花岗石那么硬、那么冷，也不是通过挖掘或开采得来的。与竞争产品PaperStone相似，Richlite由100%消费后的再生纸制成，不添加脲甲醛。Richlite的成本确实比经过打磨的花岗石高出10%～15%。但是，我们认为这是值得的，不仅因为它出众的环保属性，还因为它的形态和功能。如果出现划痕，很容易打磨掉。这种材料与艾美（Epicurean）砧板、滑板公园，甚至大卫·萨尔梅拉自己房屋外部使用的材料相同，因此我们知道这是一种非常耐用的产品。对我而言，用于台面的材料其耐用性要比它的可持续性重要，因为台面会遭受相当多的磨损，而更换它们可能是一项巨大而昂贵的工程。我们所有的台面，除了我们的枫木仿砧板式厨房岛，采用的都是黑色的Richlite台面，

从上到下，顺时针：小麦板、基雷板、向日葵板

戴维·萨尔梅拉在位于德卢斯（Duluth）的家外　　　Richlite的厨房台面正在安装

因此获得了LEED的0.5分。Richlite经受住了时间的考验，一直表现很好。唯一的缺点是价格和重量，橱柜制造商为此感到很为难。它几乎不需要维护，用食品级砧板油就可以很好地恢复其光泽。

另一方面，厨房岛上的砧板台面会吸收污渍，不适合放在厨房水槽周围，因为木头会因吸水而腐烂。从维护的角度来看，砧板台面需要经常打磨和上油。虽然美观实用，并能胜任许多厨房工作，但我不确定是否会再次选择它。相反，我可能会选择更耐用的产品，例如Richlite、人造石（回收材料含量高）或经过从摇篮到摇篮（Cradle to Cradle）认证的台面。从摇篮到摇篮认证是更严格的标准之一，对产品的安全性、可回收成分、可回收性以及制造

枫木材质的厨房岛砧板台面

过程进行评级，以保持对人类健康的高标准。[①]我们的台面来自哪里？Richlite是在500英里以外的华盛顿州的塔科马（Tacoma）生产的，不是本地的（我们家中没有足够多的砧板台面，无法保证追查出产地）。

外墙板

我们住宅的外立面由三种材料组成：砖、灰泥和再生柏木。再生柏木来自位于明尼苏达州德卢斯的德卢斯木材公司，这家公司从全美各地的旧

---

① 从摇篮到摇篮认证的商品列表请查阅网站 c2ccertified.org；详见 https://www.c2ccertified.org/products/registry.

从旧泡菜桶中回收的柏树木料用于房屋的外立面。图片来源：Karen Melvin

仓库、工厂、桥梁支架和储藏桶中回收木材。我们家外立面的所有柏树木料都来自旧的泡菜桶，该材料又漂亮又耐用（对于木材来说）。

然而，相比哈迪（Hardie）板或灰泥等更典型的外墙材料，它的价格更高。最初，房屋的外墙设计方案中，差不多全部使用回收柏树覆盖，南北两侧由青砖砌成。但在一次价值工程实践活动中，我们拆除了一部分柏树侧板，这么做不仅是因为它的前期成本很高，还因为它需要每年涂油漆才能保持深色调。因此，我们减少了柏木墙板的数量，改为使用灰泥。灰泥维护成本低，但不符合回收标准或FSC认证的LEED标准。结果，我们的柏木墙板面积未达到占整个外墙面90%的最低要求，所以，这一项因为使用再生材料的比例不够，没能获得LEED分数。

德卢斯刚好位于明尼阿波利斯500英里范围之内，因此我认为这可以算作本地材料。我发现旧泡菜桶来自Bick's Pickles公司，这家公司位于693英里外的安大略省邓内维尔（Dunneville）。这令我有些沮丧，就像我们的砖和灰泥一样，它不符合本地要求。由于回收的柏树（而非本地柏树）材料占我们外墙面的10%以上，因此我们也无法获得符合本地采购标准的LEED得分。

内墙和顶棚/干式墙

虽然人们可能不会过多地考虑石膏板（也称为干式墙或石膏灰胶纸夹板），但是当我了解到它，就意识到这是减少生态足迹（并能获得LEED 0.5分）的一种非常简单的方法。干式墙（在1950年以后建造的房屋中被大量用于墙壁和顶棚）由石膏芯制成，并带有纸衬。石膏是一种开采的材料，尽管资源丰富，但开采和加工都需要耗费能源，好在它是一种可以无限循环利用而又不会降低质量的材料。因此，回收石膏废料减少了开采和生产原料的需求，并因此节省了能源。

我们所有的石膏干式墙100%都是由后工业化的再生干式墙制成，当我发现其成本和质量与普通干式墙没有差异时，我便特别要求使用这种材料。虽然我们在建造自己的房屋时还做不到，但现在市场上有数种通过摇篮到摇篮认证的干式墙产品。

我们的石膏板是在哪里制成的？当购买干式墙时，我还特别要求它产自本地，因为供应商告诉我有价格和品质相同的本地产品。Olympic Wall Systems公司的原材料是从Winroc公司获得的，Winroc公司的原材料由位于爱荷华州道奇堡（Fort Dodge）的National Gypsum公司提供。道奇堡距离我们的住宅218英里（约350千米），符合本地材料标准（我们获得了LEED 0.5分）!

木框架、护套、装饰条、门

在需要做出的所有决定中，我们没有为木框和装饰条做考虑太多，而是把它留给建筑商处理。但是，由于森林管理不善的问题以及对支持可持续管理森林的渴望，我们认为购买和支持经过FSC认证的木材非常重要。我们要求对此报价，结果价格高出了5%。我们认为这个价格是合理的，因此所有的外墙木架、内墙木架、屋顶木架、护套、装饰条和门均是100%通过FSC认证的。

FSC认证的木框架

看到那些经过FSC认证的黑色小印章了吗？这5%的溢价让我们多花了4000美元。对于大多数花了更多钱的东西，我们得到的回报是：较低的水电费、更健康的家庭，或每天都会感到赏心悦目的炫酷设计。然而，FSC认证的木材不提供任何好处，我们唯一得到的是一种良好的感觉，那就是我们支持了可持续的森林管理。因为这些选择，我们还获得了LEED 3分，有人可能会辩解说，这些分数会导致评级是银级还是金级的差别。因此，尽管我仍然建议你寻找源于可持续性采伐的木材（对热带木材要求这么做），但是如果你的预算有限，则不建议优先考虑。

这些木材都是从哪里来的？肖·斯图尔特木材公司（Shaw Stewart Lumber Company）为我们提供了木材，从我在那里的联系人处得知，胶合板来自俄勒冈州，而框架则来自爱达荷州，两者都比"本地"定义中的500英里更远。

室内的门来自哪里？亚伦·卡尔森建筑木制品公司（Aaron Carlson Architectural Woodwork）提供了门，该公司位于明尼阿波利斯。但是，我需要查出他们从哪里得到的木材。这些门料来自埃格斯工业公司（Eggers Industries），总部位于威斯康星州的两河市（Two Rivers），是当地的一家企业。埃格斯工业公司一位非常热情的员工告诉我："门是FSC认证的刨花板，上面贴有油漆级桦木饰面。生产门用的芯板是唯一在你家500英里之内采伐的或回收的材料。芯板占门重量的75%。"这听起来太棒了，对吧？但不是这么回事。LEED住宅评价体系要求90%的成分必须是本地的，而我们只有75%。它给人的感觉是对当地经济的支持，我们并没有因为采用本地产的门而获得LEED分数。

亚伦·卡尔森公司还提供了我们的室内装修材料。有些是杨树，有些则是冷杉。这些木材来自Metro Hardwoods公司，该公司位于明尼阿波利斯郊区的梅普尔格罗夫（Maple Grove）。那么他们是从哪里得到木材的？他们的环保发言人回复了一封电子邮件说："除非事先有要求，否则我们不会追踪木材的来源。我只知道冷杉源自西海岸，所以不会是区域性的。杨树则来自多个地区，因此我无法确定具体的地区。"我们确实事先对木材来源提出了要求，因为团队中的每个人都知道我们是要获得LEED评级的，对吧？但是不知道为什么没有向厂家传递这个要求。因此本地装饰材料一项没有获得LEED分数。

我们的窗框由道格拉斯冷杉制成，全部来自H Windows公司，这是设计师在很早的时候就指定的，我们没有任何异议，因为它们确实很棒。当我要求他们提供具有FSC认证的另一个窗框的报价时，他们给出的报价比非FSC认证窗框高出50%左右。当我打电话询问价格为何会如此之高时，他们告诉我很难找到FSC认证的冷杉（因此，这高出的50%价格只是胡乱猜测的？）。显然，很容易找到FSC认证的樱桃木，而且价格通常不高，但是我们无法买到相同条件的杉木。我们裸露的横梁和橱柜都是杉木的，所以樱桃木不会成为我们的选项，因为我们不希望红色调与杉木的橙色相冲突。虽然FSC认证的木材价格会高出5%，做框架似乎是合理的，但我们不打算多花50%的钱选购FSC认证的窗框（现在市场上更容易找到FSC认证的道格拉斯冷杉）。

那窗框至少是产自本地的吧？H Windows公司位于威斯康星州的阿什兰市，不到500英里，似乎符合本地产品的条件。但是，窗户的组装有很多层，仅仅因为窗户的品牌来自本地公司，并不意味着他们的材料也来自本地。我为了获得LEED得分而去追踪产地，发现H Window公司是从威斯康星州的Colonial Craft公司获得的杉木，它的距离也不到500英里远。但不幸的是，杉木来自西海岸的森林，因此不算本地的。

屋顶

我们想要一个平屋顶，因为我们希望它的一部分覆盖着绿色植物（请参考第10章"景观"）。屋顶材料是三元乙丙橡胶（EPDM）膜，这是一种非常耐用、耐候的材料，经常用于平屋顶。它有一个额外的好处，不污染径流雨水，但它的可回收成分只有0~5%，因此不符合消费后至少有

25%的回收物的环保标准。

虽然我不知道我们的EPDM膜是在哪里生产的，但由于其中的一部分由石油产品制成，所以我猜测它不是产自本地的（也没有花时间追踪产地）。所以很明显，我们没有在屋顶上得分。

保温

鉴于家里有许多需要隔声的内墙和地板，我们使用了再生棉牛仔布，因为它具有出色的吸声性能和环保特性。内墙保温层位于机房和上面的起居室之间，以及洗衣房周围。因为它比典型的玻璃纤维保温材料（我们没有在任何地方使用）更贵，所以我们尽量减少了对它的使用。它含有约80%的再生棉牛仔布材料，因此如果在任何地方使用它，都将符合LEED标准。由于我们保温材料绝大部分是喷涂泡沫（请参见第6章"能源"中有关保温的部分），由于喷涂泡沫不含至少20%的回收物，因此我们在这里没有获得LEED分数。

我们的保温材料来自哪里？尽管在技术上是在现场制造的，但它是从石油产品中提取的，所以，原材料的开采不会在当地进行，因此，我也没有花时间进行产地追踪。

混凝土地基础

有人真的会选择混凝土吗？我不清楚。混凝土是骨料和浆料的混合物。骨料是沙子、砾石或是碎石。浆料则是水和硅酸盐水泥。[①]如果混凝土中掺入了至少30%的粉煤灰或矿渣，可获得LEED 1分。粉煤灰是燃煤发电厂的细粉状残留物。为我们的地基提供混凝土的纳尔逊泥瓦匠（Nelson Masonry）公司通常会使用一定比例的粉煤灰，但前提是在天气允许的情况下，因为很显然，再生成分的比例越高，凝固（或干燥）所需的时间越长。就算掺入较高比例的可回收成分，混凝土的成本也不会有多大变化（尽管我个人认为成本应该减少，因为原材料用量也减少了）。但是由于我们的地基是在11月份浇筑的，因此被告知天气不允许混凝土掺入任何可回收成分。

我们的混凝土是从哪里来的？纳尔逊泥瓦匠公司的水泥是从Apple Valley Ready-Mix（AVR）公司获得的。AVR公司拥有9家制造工厂，全部位于双子城地区，绝对在500英里之内。因此，我们在这里获得了LEED 0.5分，并且为能够支持本地企业感到高兴。

---

① Portland Cement Association, "Cement & Concrete Basic Facts," accessed October 24, 2017, http://www.cement.org/cement-concrete-applications/cement-and-concrete-basics-faqs.

这些选材最终为我们获得6分：3分来自FSC认证的木材；1分来自本地制造的石膏板和混凝土；其他2分来自可回收的台面、可再生的干式墙、地板和PEX管道，它们每个获得了0.5分。大多数选择每天我们都能看到，因此它每天都会影响我们。在功能和美学上，我们对自己的选择感到满意，特别是再生木材和Richlite台面。这些感觉良好的选择提醒我们，我们正在帮助循环经济发展并减少浪费。

废物管理

能够看出住宅正在建设或改造的一个明显标志是外面的那个巨大的垃圾箱，这是住宅建筑物的另一个有形组成部分。废物是不需要的或不受欢迎的材料。废物的概念在自然界中是不存在的，因为一切都是自然循环的一部分，是另一种生物体的养分。因此，废物只是人类的概念，最常见的处理思路是扔掉它。然而，这很奇怪不是吗？往哪里扔呢？

人们用"减少、再利用、回收"这句著名的箴言阐述废物的概念。这三个词的顺序很重要：首先，减少消耗的数量，然后尝试重复使用可能被认为是废物的东西，最后，如果仍然有不需要的东西，尝试回收它。我们做得怎么样？2014年，美国产生了2.58亿吨城市固体废物，其中，有12.8%的废物被焚烧以能源的形式回收，有52.6%的废物被填埋，只有34.6%的废物被回收或堆肥。[1]结果不是太好！

建筑业要承担部分责任。建造和拆除所产生的废物构成美国固体废物总量的40%。[2]回收建筑废物已经成为最有效的做法之一，也是一种典型的

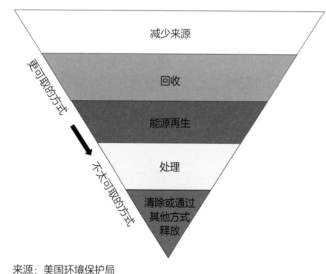

美国环境保护局废料管理体系

更可取的方式 → 不太可取的方式

减少来源
回收
能源再生
处理
清除或通过其他方式释放

来源：美国环境保护局

---

① US Environmental Protection Agency, "Advancing Sustainable Materials Management: Facts and Figures," https://www.epa.gov/smm/advancing-sustainable-materials-management-facts-and-figures.

② *LEED Reference Guide for Homes*, 233.

容易获取LEED评级项目得分的方法。但回收是最后要做的事情。我们首先需要尝试减少材料的使用，然后再尝试重复使用它们。

减少

在新住宅建设中，减少的概念仅仅意味着在通常需要使用它们的地方减少材料用量或不使用这些材料。在LEED评价体系中，不使用某种材料没有任何得分。例如，我们地下室所有墙壁的上半部分都是裸露的混凝土。因此，我们使用少量的石膏板完成它的建设，成本更低，对环境更好，但我们没有获得任何LEED得分。

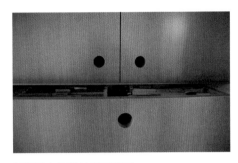

橱柜及上面的抽屉无拉手

另一个例子是我们对橱柜和抽屉拉手的独特处理方式：我们用打孔代替抽屉拉手。这样既减少了材料，又省了钱，也为我们省去了很多选择硬件的时间，并且现在没有哪个人的大腿会刮碰到我们房间中的橱柜了。但是我们在这些处理上没有获得LEED得分，可能是因为抽屉拉手的影响很小。

LEED确实帮我认识到一个相当浪费的做法：高估了建造房屋所需的木材数量，造成了不必要的木材浪费。对我来说，得分项——高效率材料框架听起来像是一门外语。框架是使房屋站立起来的东西，但人们通常看不到它，除非将房屋故意设计成房梁暴露在外。框架也可能是房屋建造成本的重要组成部分。但框架的使用为什么会是"低效率"的呢？我无法理解建造者会蓄意订购更多的材料并打算浪费其中的一些。但是，当然，如果你考虑一下，他们可能会说：人们可能会犯计算错误，而且你不希望在工程中间用完材料，因为重新订购的成本更高，可能还会拖延项目进度。

根据《LEED住宅参考指南》，1998年美国自然资源保护委员（Natural Resources Defense Council）对美国住宅建筑的一项研究表明，运送到建筑工地的木材大约有六分之一最终被运往了垃圾填埋场。[1]谁为浪费掉的额外木材买单呢？是业主！真不错：因为按其定义，这项LEED得分是可以省钱的。

LEED的要求有哪些？把估算的总体浪费系数限制为10%或更少。浪费系数的定义为订购的框架材料超过预估的建造所需材料的比例，并基于总材料或总成本进行计算。[2]

---

① *LEED Reference Guide for Homes*, 237.
② *LEED Reference Guide for Homes*, 237.

当开始建造房屋时，我们想探索使用称为Durisol的混凝土保温模板（ICF）来建造房屋，这是当地家庭健康顾问向我们推荐的。它主要由再生混凝土制成，目的是为了透气，因此你设想会有水分进入房屋的墙壁，但墙壁会自己变干。毫不奇怪，我们的建筑商和设计师团结一致，坚决反对这一点，主要是因为木材能够更好、更轻松地进行定制设计，比ICF便宜，而且他们在使用木材方面拥有更多的经验。我们的建筑商甚至推测，小动物很容易钻进Durisol模板并居住其中。最后我们觉得必须接受他们的建议，因为他们是专家，而且可以提供保修。

遵守该LEED得分的先决条件限制浪费系数，意味着设计师、工程师和建筑商需要共同努力，非常准确地估算出建造所需的木材量，这似乎应该被作为良好的商业行为来遵循（然而，我们都知道并不是每个人都具有良好的商业行为，因此这也是该LEED得分项存在的理由）。

那么我们能够满足这个先决条件吗？项目经理告诉我，他们总是按照5%的浪费系数进行估算，这显然远低于10%的要求。此外，我们用于建造房屋的一部分胶合木梁[①]是非现场订购和预制的，这意味着这些物品在工地现场的浪费率将为零。最终，我们没能做到通过确保浪费系数小于10%而省钱，但你可以向建筑商提出索赔（要进行验证），以此也可以省钱。

为了在框架效率方面获取LEED得分，一种选择是将整个房屋的框架部分放在非现场的加工厂内制作。非现场制作既意味着采用预制建造方法，包括墙壁、屋顶和地板组件全部放到预制地点制作好；也意味着采用模块化组合的预制建筑，通常称为预制房屋。我个人的观点是，预制房屋对于某些情景和某些地点是合适的（而且真的很棒），但并不适合所有人。此外，我一直在阅读和研究有关预制房屋的文章（在《Dwell》杂志上，它们看起来总是很漂亮），但我一直听到说，它们并不总是像人们想象的那样经济实惠。优点是它们的建造速度很快，但最大的缺点是不可以定制，因此这不是我们的选择。在过去的十年中，预制建筑已经得到了改善，并且变得更加实惠，因此值得一试。

为了确保现场框架施工效率，LEED评价体系对建筑团队能够绘制详细图纸设置了分数，以提高订购材料数量的准确性。在我看来，如果没有详细的图纸，我们的房子就不会建造得很好。因为可能会发生不匹配或不对称的情况，也可能由于缺少材料而导致延误，或由于订购过多的材料而

---

① 胶合板的名字来自胶合的层压木材。它们是由多层木材组成的结构工程木材，用胶粘在一起。

预制胶合木撑起了整座房屋

造成大量浪费。我们可能花了更多的钱购买详细的图纸，但这并不是由我们渴望获得LEED认证的愿望驱动的，而是来自对一座经过精心设计和建造的房屋的渴望。我们雇用了一位设计师，所以确实有这些图纸。为此，我们得到了1分。还因为建筑商制定了木材的详细切割方案而获得了另外1分，该方案基于详细图纸。

其他提高框架效率的措施，可以被认为是减少浪费的最佳实践，包括：

- 预制框架套件；
- 地板空腹桁架；
- 采用结构保温板（SIP）的墙壁、屋顶和地板；
- 螺柱的中心间距大于16英寸（约40厘米）；
- 顶棚龙骨中心间距大于16英寸；
- 地板托梁中心间距大于16英寸；
- 屋顶椽子中心间距大于16英寸。
- 以下措施中至少做到两项：
  （a）根据实际荷载大小来决定连梁的尺寸；

（b）使用梯子挡块或干式墙夹；

（c）使用两个螺柱角。

在这些实践中，我需要依赖我们建筑商的项目经理本·邓拉普（Ben Dunlap），来看看我们实际执行了哪些项目。这不是我很了解的一项LEED得分，我只知道它有助于减少总体浪费。但这不是我迫切需要实现的内容，因为有太多因素都可以影响房屋的正确建造。保温、通风管道、下水管道和电气安装都会影响房屋的框架结构，更不用说结构的完整性了。项目经理检查了清单，并确认其中一些是他们公司一贯采用的标准施工方法，包括采用预制框架套件、地板空腹桁架和屋顶椽子中心距大于16英寸。但是他们不会采用除这些以外的其他任何措施，我们必须对此表示同意。结果我们在这里仍然获得了LEED 2.5分。

我们提出的一个问题是，是否要使用结构保温板（SIP），它可用于墙、地板或屋顶。什么是结构保温板？根据结构保温板协会（SIPA）的定义，结构保温板是用于住宅和轻型商业建筑的高性能建筑材料，把绝缘泡沫芯夹在两个结构面之间组成，面材通常为定向刨花板（OSB）。结构保温板在工厂控制的条件下制造，几乎能适合所有建筑设计。结果是，采用了结构保温板的建筑非常牢固、高效节能且具有成本效益。使用结构保温板的建筑省时、省钱、省力。

这对我们来说听起来不错！而且，LEED对结构保温板给予高达3分的奖励，因为与传统的建筑方法相比，它们提供了卓越且均匀的保温，可节省12%～14%的能源。[①]当我们对设计师提出这种有说服力的论点时，他并不支持。为什么？主要原因之一是结构保温板需要对电气布线和插座进行非常详细的预先规划，因为结构保温板是在工厂预先切割的，这一点很难做到，并且现场进行的任何更改都可能会引起很大的问题。一旦房子主体完工，即使是经过深思熟虑的电气规划也可能出现无法正常工作的情况，尤其是当你想到扬声器、安全系统、计算机电缆，甚至门铃等所有迟来的后期布线要求时。因此我们的底线是很清楚的：对于2008年的一栋定制住宅，我们不想使用结构保温板（不过，目前随着无线技术的发展和亚马逊子公司Alexa的互联网技术对房屋的掌控，结构保温板可能会创造更多价值）。

---

① *LEED Reference Guide for Homes*, 242.

重复利用

在住宅建设中，重复利用这一项没有对应的LEED得分。但是，在大型商业建筑中，LEED强烈鼓励重复利用。位于明尼阿波利斯市区密西西比河旁的一座历史悠久的皮尔斯伯里（Pillsbury）面粉厂是我帮助通过LEED认证的客户之一（金级，2017年）。他们重复利用了91%的现有屋顶、墙壁和地板，将一个旧面粉厂变成了时髦的艺术家阁楼，这是一个相当大的成就！在LEED住宅评价体系中，不鼓励也未提及旧房屋的重复利用。

无论如何，重复使用材料是减少浪费的好方法。在把不用的物料扔进垃圾箱之前，最好总是以新的眼光再看一下。我们的建筑商做得很好，把剩余的木材回收起来供以后使用。用回收杉木制作的楼梯横梁和踏板，剩余了一些，我们又用它制作了几条长凳；剩余的柏木外墙板被用来制作了几个高架花槽和门廊秋千，而这些外墙板本就取材于旧泡菜桶。

用多余的回收杉木楼梯横梁制作的长凳。图片来源：Paul Croby

剩余的回收柏木还有其他用途

回收

在减少和重复利用建筑材料之后，最后一步是回收。产生建筑废料是必然的结果，也总是人们批评新建筑工程的原因之一，因为建筑废料实在太多了。据全美住宅建筑商协会估计，建造一个2000平方英尺（约183平方米）的普通住宅，会产生约8000磅（约935千克）的垃圾，填埋需要51立方码（约39立方米）的空间。但是，在利用建筑废料开发产品方面已经取得了很大进步，因此，很多的废品回收公司会有选择性地回收。

减少建筑废料就像在家庭生活中减少日常垃圾一样。它包括两部分：首先提前规划，通过适量采购来最大程度地减少废料，以及确定废料再利用或回收的方法。原因似乎显而易见：垃圾填埋场的空间正在逐渐减少，焚烧会产生污染物，材料的浪费也就是金钱的极大浪费。

LEED在废料管理方面有一个先决条件，那就是研究建筑主要部分的转移方案，并记录转移率。转移率是一项关键的绩效指标，它等于转移到垃圾填埋场或焚化炉中的垃圾量除以总的建筑废料（重量或体积）。这项LEED要求其实对我们的建筑承包商帮助很大，因为当我告诉了他们这个要求后，他们便找到了一家可以对建材进行回收利用的废料管理公司，而且其费用没有他们过去合作的公司高。发现了这一点后，他们转而在所有项目中使用这家新公司。仅此一点似乎就值得一试！

除了需要记录废料的转移率外，《LEED住宅评价体系》还会为将废料从垃圾填埋转为其他处理方式的行为授予得分。在商业建筑LEED评级中，能够获得1分的最小转移率为50%。对于住宅项目，标准宽容得多，为25%；衡量标准可以是转移率，也可以是总建筑废料必须少于每平方英尺2.5磅。[1]Atomic Recycling公司负责处理我们的废料并提交月度报告。其中最容易回收利用的物品是骨料（沥青和混凝土）、金属和形形色色的木材。如最终报告所示，他们能够将建筑废料总量的68.3%从垃圾填埋转移为回收利用，这为我们贡献了LEED 2分。[2]

---

[1] 最新版本的《LEED住宅参考指南》（第四版，2016年发布）要求的不仅是高可回收转移率：项目需要做到总建筑垃圾比一个"LEED参考住宅"产生的垃圾少。此外，每日需替换的盖布，也就是每天结束时用来覆盖垃圾填埋场的材料，目的是控制气味，防止吹乱垃圾，防止火灾和排出废气，该盖布不再是可回收的。在这个新版本下，我们的家，以及许多其他项目，将不会在建筑垃圾管理方面获得任何LEED分数。感谢美国绿色建筑委员会认识到需要减少垃圾总量，即使垃圾可被回收。这将有助于推动建筑业的进一步变革。

[2] 绿色商业认证公司（GBCI）是管理LEED认证的组织，同时也管理TRUE（总资源使用和效率）零废物认证。TRUE零废物认证和UL的零废物验证过程是为企业和组织量身定制的；目前还没有针对家庭的零废物认证。

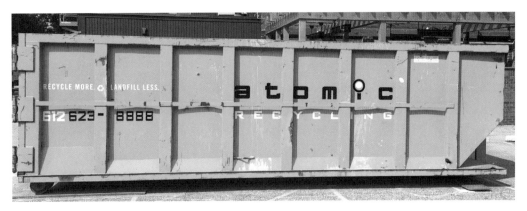

Atomic Recycling公司负责回收建筑废料

如何处理解构废料?

我们在明尼阿波利斯的住宅选址获得了满分10分(请参阅第11章"选址")。由于当地开发密度高,这不是一件容易的事,除非有人准备拆除现有的房屋。我们这样做了,拆除了一栋老房子:这种做法怎么会是环保的呢?我们这么做的原因是,原有房屋不能充分

重复利用老房子的壁柜和固定设施

利用街对面的湖景，也没有真正满足我们的需求，但主要原因是其地下室真的发霉了。霉菌通常不会消失，即使我们能够摆脱它，这个过程也需要使用我们不想接触的有毒化学物质，我们的目标是拥有一个健康的住宅，所以，改建不是一个可行的选择。

在拆除之前，我们联系了一个名为解构服务（Deconstruction Services）的非营利组织，该组织把固定设施、电器、橱柜等材料挑拣出来卖给回收公司（收益将惠及该非营利组织）。然后，当房屋的其余部分被拆除时，我们确保任何可以回收利用的东西都回收了（玻璃、木材和混凝土都被分离出来了）。尽管邻居的孩子们认为这个过程看起来很有趣，但目睹房屋被拆除仍然令人心痛。

在LEED房屋评价体系中没有提到如何解构（拆除）房屋。LEED并没有因为拆除房屋而惩罚我们，我们也没有因为以一种尽可能环保的方式拆除它而获得分数。

虽然解构服务这个组织已不复存在，但一家名为明尼苏达未来会更好（Better Futures Minnesota）的组织也在提供解构服务，然后把可重复使用的东西出售给再利用中心（ReUse Center）。我的一个朋友通过他们的服务拆除了一座旧房子，花费了11000美元（通常，建筑商拆除房屋的费用接近20000美元），又支付了1100美元，对他们捐赠的所有东西进行评估，并因为这笔巨额捐赠实现了4.6万美元的税收减免。尽管我不提倡拆除现有建筑物，但有时确实需要这样做，而且确实有一种方法可以减少这么做的弊端，还能带来经济效益。

老房子被拆除

建筑废料转移率：项目摘要		
按材料类型非现场分类回收	占总吨数的百分比	最终目的地
纤维：硬纸板和纸	0.8%	Pioneer Paper Stock Company
骨料：沥青、混凝土和砖石	19.8%	Barton Sand & Gravel & CS McCrossan Inc
金属：铁、铜、铝和黄铜	5.9%	Acme & American Iron & Gerdau Ameristeel & Interstate Batteries & Kirschbaum Krupp & Re-Alliance Steel & SCI & Shine Bros. Corp. & Spector Alloys
各种木料	11.2%	General Biofuel Inc & Midwest Agrifuels LLC & Sylva Corporation Inc & Transfer N Transport LLC
每日需替换的盖布	28.0%	Veolia ES Rolling Hills Landfill
屋瓦	2.7%	Dem-Con Companies LLC & Elk River Waste Management
回收总量	68.3%	
直接填埋的建筑废料	31.7%	Hennepin Energy and Resource Co.（waste-to-energy）& Wast Management Burnsville & Elk River

通过提高框架效率和回收建筑碎片来减少废料，我们获得了LEED 5分。再加上因为购买环保材料获得的6分，以及低排放的1分（参见第4章"清洁的空气"），在LEED的"材料和资源"部分，我们获得了总分16分中的12分。

材料的费用与意义

更环保的选择	费用	意义
FSC认证的热带木材	热带木材的价格无论如何都很贵；FSC认证的产品可能会有溢价	如果你非要使用热带木材，就选用FSC认证过的吧
FSC认证的非热带木材	价格高出5%~25% **中等成本**	不值得，除非你很在乎FSC认证，或者它的价格和质量与非FSC认证的木材一样 **不是很有意义**
再生木材	除非你能自己找到，否则可能会产生额外开销	如果你喜欢它的外观和质感，那就值得
含再生材料的混凝土	**无增量成本**	有条件就做
再生干式墙	**无增量成本**	**一定要做到！**
再生棉牛仔布保温材料	比玻璃纤维贵，比喷涂泡沫便宜	有利于内墙隔音；不建议用于外墙
Richlite（环氧合成树脂）或其他再生台面	通常比花岗岩台面贵出10%	除非你喜欢它的外观和质感
本地材料	不是固定的	如果你能找到它们，请务必这么做！
减少材料使用；控制框架浪费系数低于10%	可能会省钱	**一定要做到！**
重复利用建筑材料	可能会省钱	**一定要做到！**
回收建筑废料	**无增量成本**	**一定要做到！**

第 10 章

景观

蜜蜂向我展示了如何在花丛中移动——吸取花蜜并从花丛中采集花粉。正是这种异花授粉的舞蹈促成了一种新的学科、一种新的生存方式。毕竟，从来都没有两个世界，只有一个美好的绿色地球。

——罗宾·沃尔·基默（Robin Wall Kimmerer），《编织甜草》（*Braiding Sweet Grass*）（马利筋版，2013）

景观的内容仅与LEED关于可持续场地的一部分内容相匹配，总分为22分，至少需要获得5分，我略过了其中的一些得分项，因为对有些内容不感兴趣，无法滋润心灵，而且也没有太多可选择的余地。诸如"在施工过程中控制侵蚀"（先决条件）和"使场地受干扰的区域最小化"之类都是理所当然的事情，没有其他选择。"无毒的害虫防治"这项很重要，但这是标准的施工程序，也没有什么需要特别说明的。

我感兴趣的景观内容分为三个部分：你种（或者不种）的植物、硬质景观（平台、露台、私人车道）和绿色屋顶（由于内容太多，这部分单独拿出来讲）。植被、硬质景观和绿色屋顶的选择可以共同解决三个重要的问题，以实现建设可持续的场地，这三个问题分别为减少灌溉需求、管理地表水径流和减少热岛效应。它们听起来是不是很无聊？请接着往下读。

灌溉需求。减少灌溉需求可以显著减少用水量并节省开支。根据美国环境保护局的数据，用于浇灌景观的室外用水占美国普通家庭每天平均用水量320加仑（约1211升）的30%。第7章"用水效率"讨论了通过建立有效的灌溉系统减少室外用水的方式。而在本章里，将会探讨通过植被本身减少灌溉需求的手段。确定实际减少的灌溉需求量会用到一个复杂的计算公式，需要假设一个基础蒸散速率来计算基础灌溉量，基础蒸散速率代表特定气候下的失水率。如果你拥有园林建筑学位，你（有可能）会了解一些其他的变量，比如景观系数（通过蒸散损失的水量）、物种因素（不同种类植物的需水量）、微气候因子（景观特定的环境条件，包括温度、风和湿度）、灌溉效率以及大多数人不能理解的一些其他概念。当我把这个计算公式交给灌溉分包商，希望他们能够解决这个问题时，他们皱起了眉头。但这些计算其实并不重要，我们只需了解哪些植物灌溉需求量大，并选择那些灌溉需求量最少的植物（如果有的话）。

地表水管理。雨水和融化后的雪水会从街道、屋顶和草坪流出，管理这些地表水径流实际上是许多城市地区面临的一大难题（包括明尼阿波利斯市）。由于积水会损坏财产，因此大多数开发商会采取将水从场地彻底排干的办法，因此，他们没有设计相应的设施（如滩槽或蓄水池）来处理场地积水。想象一下私人车道、道路和屋顶很密集但植被却很少的地区，水都流到哪里去了？地表水会使雨水管理系统迅速过载，而雨水管理系统由复杂的地下管道系统组成，会将地表水排入当地的水域，例如游泳和钓鱼的湖泊，以及获取饮用水的河流。水是一种万能溶剂，这意味着它可以吸收和溶解许多污染物，包括盐、油、农药、化肥、宠物排泄物和路边的垃圾。水质受到污染不是一件好事。我们不会过多考虑径流进入街道上那个可怕的铁箅子后会发生什么，但我们应该关心这个问题！各城市区域逐渐意识到这一点，现在许多城市都要求新开发的项目必须具备收集一定比例的地表径流水的功能（这种做法就是地表水管理的意义）。这种做法有助于控制流入雨水系统的水量以及水质，因为植被有助于过滤污染物。

热岛效应。热岛效应是一种世界各地的城市都会发生的现象：城市中心比近郊区和远郊区更热。产生这种现象的原因是，人口密度高的发达地区的硬质景观、人行道和建筑物的数量较多，它们吸收了太阳的热量并辐射到周边地区。城市中额外的热源，比如汽车和卡车排放的尾气以及空调室外机加剧了这个问题。然后形成了恶性循环，因为温度升高又促进了人们对空调的需求，从而进一步增加了排放到外界的热量。气候变暖又关我们什么事儿呢？首先，开启更多的空调需要用到更多的电力，这不仅成本高，还会产生更多的温室气体和雾霾；其次，它会对微气候和动物栖息地造成破坏；最后，人类、植物和动物都会在酷热中饱受煎熬。

一些景观设计策略有助于缓解热岛效应，管理场地积水，并减少灌溉需求。我们做出绿色选择基于的两个主要变量是种植和硬质景观。

种植

种植的选择很多，可能会让人眼花缭乱。大多数人会从苗圃里选购喜欢的植物，或者只是采取简易方法，用常规的草坪覆盖院子。但是还有许多其他方面要考虑。植物在冬季长什么样子？需要什么样的维护？需要多少的水、修剪、阳光和遮阴？它会传播吗？它会长到多大？我离成为一个园艺能手还差得远，但我妈妈的水平却十分了得。我也逐渐开始感觉到后院是多么的有趣和美丽，而且不需要投入太多的工作就可以让它更加可持续。但是你首先要意识到，与知道什么植物可以栽种同样重要的是，清楚什么植物不可以栽种。

入侵植物

LEED中景观部分的唯一先决条件是不要在场地中引入任何入侵植物。什么是入侵植物？该术语指的是外来的或"非本土"的植物，它们倾向于大量传播或生长，从而破坏环境，威胁人类健康，让其他植物没有能力与之共存。在我家附近常见的鼠李是一种入侵植物。明尼苏达州自然资源部（Minnesota Department of Natural Resources）将鼠李列为"受限制的有害杂草"，因为它在获取养分、光照和水分方面都比本土植物更具竞争力，而且，如果不使用有毒的除草剂会很难有效控制。

由于入侵植物的种类因地区而异，因此我首先需要找到当地入侵植物清单，然后与要引入自家院子里的植物清单进行比较。我家后院的植物清单上有侧柏、花楸树、一些白松树和桦树，以及本土的野花和草（金鸡菊、野生天竺葵、野生蓝福禄考、欧洲防风草、菊花、朗费罗羊茅草）。我随后从明尼苏达州水土资源委员会（Minnesota Board of Water and Soil Resources）[1]获得了入侵植物清单，得以确保后院植物清单

鼠李被视为一种入侵植物。图片来源：Richard Webb，Bugwood.org

---

[1] 入侵植物清单可以在大多数州的自然资源部网站上找到。明尼苏达州的清单在 http://www.dhr.state.mn.us/invasives/terrestrialplants/index.html 上可查。

上没有LEED所禁止的入侵植物（但还是从后院植物清单中删除了一个大型的鼠李"树篱"）。

草坪草

我们都喜欢草坪的哪些方面？人们认为草坪打理简单、便宜、维护成本低。但事实绝对不是这样，只是院子里碰巧有够用的基础设施打理它们而已。与其他植物相比，草坪需要更多的灌溉，需要定期割草，而且割草机会燃烧化石燃料（除非你有电动或手动割草机），对于那些想要一个无杂草的绿色草坪的人来说，还需要施加化学药品和化肥。所有这些行为都对环境有害，对我们的健康有害，并且成本高昂。想象一下，如果没有草坪就太好了，比如不用割草、不用施肥、不用灌溉。LEED评价体系鼓励种植耐旱草坪，并限制草坪数量占设计景观的比例。

我们最初考虑的是耐旱草坪。据我了解，某些品种确实更耐旱，但这些品种可能不是你的孩子（或你）想在其中嬉戏的典型软草。此外，似乎你可以通过曝气、修剪和适当浇水等措施将草坪锻炼得更耐旱。但最重要的考虑是哪种草最适合我们的气候。我们的园艺师推荐肯塔基蓝草，这是最常见、最著名的冷季型草，它甚至可以通过休眠的方式来度过干旱。我还了解到细羊茅也是一种冷季型草，耐旱，但不耐磨损。但我们对这两种草都不感兴趣。尽管我们最终没有选择耐旱的草坪，但由于上面提到的原因，我们确实限制了种植"传统草坪"的数量。但无论如何，我们都要有片草坪，因为我们有两个小孩，所以这是必须的，对吧？

如果草坪面积小于软质景观（房屋、私人车道、露台等设施之外的区域）总面积的60%，LEED会授予你1分，低于40%授予2分，低于20%授予3分。我们不是仅追求得分，只是试图设计出一种适合我们家的景观。

改造前：最初的后院景观。图片来源：Karen Melvin

新的后院拥有一个室外活动空间并且种有花卉，原先所有的草坪几乎都被转移到了别处

最终我们的传统草坪占比47%，获得了1分。但47%的比例实在太高了，导致后院的草坪总是湿漉漉的、杂草丛生。7年后，我们几乎把后院的草都拔掉了，增加了硬质景观的数量，种了更多的花。

如果有人说服你拔掉一部分草坪草，你该在院子里种些什么替代被拔掉的草呢？那肯定是耐旱植物。

耐旱植物

到底什么才是耐旱植物？我曾经住在亚利桑那州，所以认为耐旱植物指的是仙人掌科植物（比如仙人球、树形仙人掌、泰迪熊仙人掌等）。我们在明尼苏达州也要种植这些吗？结果是这些植物会因环境湿度过大而死亡。大多数本土的树木、灌木和植物都被认为是"耐旱"的，因为它们可以在你所处的特定气候中无需额外浇水就能正常生存。这就是景观设计的要点——种植不需要太多浇水的植物，这通常称为节水型园艺。

我家最早栽种的几棵河桦树长势旺盛，而我们却没有进行额外浇灌，所以它们肯定是从湿润的土壤以及房屋底下的地下河流中获得了额外的水分。我们种了另一种桦树（传统品种），但我不会把它算作耐旱植物。另外种植了3棵北美乔松和5棵花楸树，它们也是耐旱品种。还种了一排侧柏，在我们的院子周围形成了一个天然的篱笆，但侧柏不算是耐旱植物，因为我在任何耐旱植物清单上都找不到它们，因此我为它们安装了滴灌。

我们的景观中还有很大一片专门用来种植本土草原草和野花（这片区域没有灌溉），因此根据定义，这些植物是耐旱的。为了建设这片区域，我们放置了738个小型植物盆栽，包括小须芒草、金鸡菊、紫苑、雏菊和福禄考。得益于这些景观，大约90%的植被面积被认定为耐旱的，LEED因此授予了我们2分。

耐旱的野花

几年后，我们用经得起时间考验的耐旱植物取代了原先种植的本土野花和草。花园景观是这样展开的：春天，大约4月下旬，白色的小银莲花是第一批开花的多年生植物。然后，轮到紫色的野生天竺葵开花，它们作为低矮植物持续生长，花期从夏天到秋天。接下来是5月下旬开花的黄色金鸡菊，然后是深红色和亮粉色的紫锥菊和松果菊在6月闪耀着快乐的脸庞。金光菊（又称黑心菊）在7月开花，在夏天的余下时间里，整个花园都呈现出彩虹般的色彩。最后，紫苑在9月开花，松果菊在10月凋零。这美丽的四季轮回就是我们前院的景色。

后院经过了7年后的改造之后与前院很相似，也种有各种各样的景天植物，包括秋火焰。秋火焰的颜色很灿烂：在夏天是亮绿色，逐渐变成橙色，然后变成红色，最后在深秋变成栗色。最近，有人向我们介绍了紫露草，它是一种美丽的开紫色花的植物，叶子明亮、绿黄相间；还有水甘草，在深秋时分会变成绚丽的金黄色。这些植物不需要额外的浇灌（仅靠降雨就足够了），也几乎不需要维护。这些色彩每天都使我们的生活充满美感，蜜蜂、蝴蝶和鸟类也因此变得很快乐。

另一类不容忽视的耐旱植物是可食用植物。我们种有覆盆子、草莓、一棵李子树，厨房门外还有一个药草园。还有一个设有高架种植床的菜园，种有羽衣甘蓝、胡椒、西红柿和黄瓜，但只有羽衣甘蓝属于耐旱植物。走到室外散步，从藤上摘下新鲜美味的食物，这才是滋养心灵的真正定义。

硬质景观

硬质景观包括场地上的所有人行道、露台、户外平台和私人车道。硬质景观有两个生态问题：它不吸收雨水，因此给雨水管理带来了更多问题；并且它会加重热岛效应（除非它是白色的，而大多数硬质景观不是）。

如果你用树木为硬质景观遮阳，或者为至少50%的人行道、露台和私人车道铺装浅色材料或种植浅色植被，就会减少热岛效应，LEED会因此授予你得分。可接受的方案包括采用白色或灰色的混凝土、开放式铺路材料，以及太阳能反射指数（SRI）至少为29的任何材料。太阳能反射指数是对材料反射光能量的能力的度量，范围为0～100。太阳能反射指数为100的材料为白色，0为黑色。该数值被用来比较不同的材料，因为较暗的材料会吸收更多的热量，从而加剧热岛效应。

我们的硬质景观包括私人车道和东西两侧的露台。私人车道由沥青铺成，这不算是浅色材料，它能够加重热岛效应。我们研究了铺路材料（它们前期成本高昂且有后续的维护费用）、混凝土（我们的邻居用的就是这个，维修起来非常困难），甚至草坪车道（对明尼苏达州来说不太适合）。我们还研究了透水的铺路材料，这一技术在当时的市场上还很新，但我们不太喜欢当时在售的产品。雨和雪让使用透水的铺路材料产生风险，因为水会渗入然后结冰，使铺路材料拱起或破裂。大型企业用回收材料制造能透水的铺路材料，但它们散发出某种气味，并且我们不确定它们的长期表现究竟如何。我们最终不情愿地选择了沥青车道，这是出于对成本和便利性的妥协（这也是我们所做的所有不可持续决策的主要原因）。

松果菊吸引了蝴蝶

耐旱的景天和紫苑

秋季时从花园采摘的水甘草

景天和荆芥吸引了蜜蜂

　　我们最初考虑使用木材建造硬质景观露台，因为谁不喜欢木材做的户外地板呢？其实我并不喜欢：从小时候起，我就有父母从我的脚上取出木刺的经历，以及在探望祖父母后从我女儿的脚中拔出木刺的经历，这些全都历历在目，因此我决定不采用木制露台。然后我们又考虑使用板岩，因为室内的板岩瓷砖地面如果能与室外匹配起来会很酷，但是板岩露台价格太高了。我们最终使用了灰色的混凝土铺路材料，与石材粘结在一起形成铺地材料，灰色混凝土能很好地和室内地面融为一体，也符合LEED规定的浅色材料要求。在波特兰水泥协会（Portland Cement Association）的一项混凝土研究中，所有经过测试的混凝土的太阳能反射指数均值为36或更高，超过LEED规定的最低值29。灰色混凝土和其他浅色的铺地材料加在一起占硬质景观的比例刚好超过53%，我们因此获得了1分的LEED得分。

　　实际生活中，我们并没有感觉到混凝土铺路材料减轻了热岛效应。因为在夏天，后院会变得特别热。可能是因为我们有一面朝南的黑砖墙会吸收并辐射热量，所以加剧了后院的热岛效应。但是在初春和秋末几个月的时间里，我们很喜欢这个功能，因为后院明显比前院更温暖。得益于此，我们在春季和秋季享受户外活动的时间延长了好几周。

番茄、羽衣甘蓝和黄瓜很喜欢那面黑色的砖墙　　　　　　秋季的丰收

绿色屋顶

　　绿色屋顶结合了植被和硬质景观在内的多种变量，因为它将原本的硬质景观（屋顶）转化为了植被。如果你要建造新房屋，屋顶的尺寸和形状是一个重大的设计决定。最初，我们想要一个全绿色的屋顶，这需要设计一个平坦的或稍微倾斜的屋顶。我喜欢这样的想法：鸟儿在头顶自由翱翔，感觉不到下方有建筑物，几乎可以在它歇脚的任何地方找到食物和水。但是当我们给屋顶做预算时，才意识到全绿色屋顶是负担不起的。由于土壤很松软，除了绿色屋顶的费用外，还必须为支撑屋顶额外重量的附加桩付费。绿色屋顶的重量很大，成熟植被的饱和重量为每平方英尺26~29磅。此外，我不知道它需要什么样的维护，但是很可能需要到屋顶上去除草。因此，我们决定只在一个可以观赏以及方便上人的区域做绿色屋顶：它可以位于办公室的外面，或另一半车库的顶部。后来，我们决定将其建在一个有顶棚的小过道上方，这个小过道将车库和储藏间与房屋的其余部分相连，这样一来我们就可以从卧室外的走廊上看到这片区域。

　　我见过一些建设绿色屋顶的做法，比如将土壤放到屋顶上并播种，然后耐心等待植物生长和开花。这种是定制的绿色屋顶，植物还未发芽的时候看上去是棕色的，而且非常昂贵。幸运的是，我偶然发现了LiveRoof system公司，这是一家全国性的公司，与当地苗圃合作，在2英尺×1英尺（约60.1厘米×30.5厘米）的托盘上提前栽种植物，然后把盛满各种矮生植物的托盘放到屋顶上，使得屋顶从第一天开始就很美观。可以定制植物的品种，但明智的做法通常是让种植公司推荐最适合本地气候和

绿色屋顶上种植的各种景天

日照时间的植物。我们与巴赫曼苗圃批发公司（Bachman's Wholesale Nursery）的道格·丹尼尔森（Doug Danielson）合作，他推荐了一款"无忧组合"（Carefree Mix），包含8种不同的景天品种，这些植物的纹理和颜色会在一年中随着季节的变化而呈现不同的组合，这些植物耐寒、耐旱、易于播种，它们神奇般地改变了我家的风景。

绿色屋顶还有许多其他好处。首先，它有助于屋顶的保温，这意味着减少了下方空间的制冷或制热需求。但就我家而言，因为它位于车库上方，所以对保持室内温暖或凉爽的功能不是那么重要，但这仍然算是一个好处。其次，它减轻了热岛效应，因为与最初无植被覆盖的黑色三元乙丙橡胶屋顶相比，房屋变得更加凉爽。我马上就感受到了办公室的变化，在夏天减少空调使用频率的情况下依然能保持凉爽。再次，它减少了暴雨径流，因为雨天时它可以吸收和过滤屋顶上的大部分雨水，就算是倾盆大雨，排水槽的底部也不会生锈或是水花飞溅。

绿色屋顶的一个经济效益是它有助于减少我们的雨水管理费。自2005年3月以来，城市对雨水管理的收费已经作为单独项目列在水费单上（不是所有城市都这样做）。我们的雨水管理费为每月13.86美元，在过去的8年里，它已经逐步上升到每月15.45美元。明尼阿波利斯市提供了雨水管理费信用项目，以鼓励居民采取减少雨水径流的手段。在我们填写申请表并表明房屋就地管理了大部分雨水后，获得了每月5.32美元的信用奖励（现已提高到每月5.56美元）。虽然数额不大，但它随着时间的推移而累积起来：现在已经为我们节省了500多美元。

最后的好处，同时也是绿色屋顶的最大经济效益，就是它把屋顶的使用寿命延长了2~3倍。它是怎么办到的？由于绿色屋顶覆盖了屋顶防水层，因此可以防止防水层随着时间的推移而老化破裂。当我们刚搬进新家

办公室外的绿色屋顶。图片来源：Paul Crosby

有顶过道上方的小尺寸绿色屋顶，过道将房屋主体与车库和办公室相连

时，以为需要12～15年的时间来验证这一点，但是两年后，绿色屋顶以另一种形式验证了它的防护能力：明尼阿波利斯在2011年5月遭受了一场严重的冰雹。尽管屋顶的植物在冰雹结束后有点软塌塌的、显得没有生气，但它们幸存了下来，并使下面的屋顶防水层免受冰雹的损伤。尽管屋顶的其他区域大部分都需要更换（保险支付了很大一部分，但仍是个巨大的麻烦事儿），采用绿色屋顶的区域则不需要（这是一个意料之外的提前收益）。

铺屋顶的公司正在安装植物托盘

　　除了绿色屋顶之外的黑色三元乙丙橡胶屋顶仍然需要更换，有白色或黑色可供选择，它们在费用上没有差异。我们决定采用白色屋顶，因为它的反光特性也有助于减少局部的热岛效应。[1]虽然很多人认为明尼阿波利斯市的冬天太冷，采用白色的屋顶没有什么好处，但我不这么认为。黑色屋顶可能会让我家在冬天更温暖，但它经常会被雪覆盖。在深秋，黑色屋顶吸收了太阳的热量，让室内更温暖。但是在春季，它会使屋顶上的冰雪融化得更快，从而加速了雨水径流在屋顶形成（从雨水管理的角度来看，这很糟糕，因为我们的初衷是减缓雨水径流）。相反，白色屋顶的确有助于在夏天保持室内凉爽。

　　那么真正意义上的回报是什么？如果一个屋顶通常需要在15年内更换，那么投资回报期最长可达15年，然而更换屋顶的费用是可以避免

---

① 为了缓解城市热岛效应，包括芝加哥在内的许多城市都颁布条例，要求屋顶比典型的深色屋顶有更高的太阳反射指数。为配合这些条例，人们开始越来越多地安装白色和绿色屋顶。

的。通过改善房屋保温性能，减少办公室的制冷负荷，以及减少水费，投资回报期可以为10～12年。10年的回报期不见得能证明这笔开销是合理的，但如果屋顶是一个花园的话，还会有人在意它是否产生经济上的回报吗？它一年四季都景色宜人，能吸引鸟儿和蝴蝶，还能让我的办公室保持凉爽，这些优点才是真正意义上的回报。

绿色屋顶的维护工作相当简单。我们每年上去给它除草两次，由于它是一个面积较小的孤立区域，因此除草的时间不会超过一两个小时。我们从未浇灌过它（第一次安装时除外），也从未给它施过肥，并且直到2017年才重新栽种。所以在8年时间里，它基本上是自给自足的。2017年，一些植物枯萎了，我们就修剪了一些景天补种在四周。因为剪枝后的植物很容易生根，所以有人建议我们在春季施肥。

LEED如何给绿色屋顶评分，只有当屋顶就地管理了表面积水，LEED才会授予得分，而且LEED要求屋顶植被覆盖率至少达到50%（即使那样，也只授予0.5分；如果屋顶植被覆盖率达到了100%会授予满分）。由于我们的绿色屋顶面积不到屋顶总面积的50%，它没有贡献任何LEED得分。

绿色屋顶一年四季都在改变颜色，并且会随着时间的推移而演变

然而，它确实有助于你获得LEED"地表水管理"的得分。我们的场地设计具备屋顶径流的管理功能。办公室上方的水会排到绿色屋顶上，因此办公室上方的区域属于被管理的区域。在房屋的主体部分有两个排水管，每个排水管都会将水排入24英寸（约70厘米）的集水盆。在这些集水盆的下方是数量更多的排水单元：在房屋南侧，排水管将水沿着建筑红线输送到由植被形成的自然滩槽；在房屋北侧，水会流入一个开了孔的套筒，然后被缓慢释放到花园中野花所在位置的地下。因此，绿色屋顶的确帮助我们在LEED"地表水管理"这一项获得了2分的得分。

绿色屋顶受损，所以我们增添了景天剪枝（之前和之后的对比）

除了绿色屋顶之外，地表水管理还可以通过被称为"可渗透场地"的方法进一步控制。LEED要求可渗透场地须至少占全部场地的70%（不包括屋顶或屋顶下方的区域），它必须能吸水，所以不至于使雨水沟渠系统过载。可渗透场地的面积包括植物景观区（草地、树木、灌木）、可渗水的铺路材料，以及能将所有径流导向适当的、具有永久渗漏特性的地形（滩槽、雨水花园或蓄水池）的非透水表面。尽管我们没有透水的铺路材料或蓄水池，但我们场地的92%可以归类为可渗透场地，我们因此获得了LEED得分的3分（仍然算是一个很湿的场地）。获得这些得分增加了我的建设成本吗？不管LEED如何要求，我们都会采取这些措施，因为我宁可让屋顶径流排向其他地方也绝不能流进地基和地下室。这是一项重要的耐久性要求，我很高兴它得到了解决。

从天堂看庭院

以下是无意间在互联网上看到的上帝和圣弗朗西斯之间的对话：

上帝：嘿，圣弗朗西斯，你对花园和大自然无所不知，美国到底发生了什么事情？蒲公英、紫罗兰、蓟，以及我很久以前创造的东西都怎么了？我的花园设计是完美的，也不需要维护。这些植物可以在任何类型的土壤中生长，可以抵抗干旱并且尽情地繁殖。持久盛开的花朵用花蜜吸引着蝴蝶、蜜蜂和成群的黄莺。我原以为现在会看到一个五彩缤纷的巨大花园，但只看到一片片斑驳的绿色。

圣弗朗西斯：主啊，一些被称为郊区居民的部落在那里定居。他们称您的花为"杂草"，并费尽心机地除掉它们，然后用草坪代替。

上帝：用草坪替代？这岂不是太无聊了。它不是五颜六色的，它不能吸引蝴蝶、蜜蜂或鸟儿，只会引来蛆和草坪蠕虫，并随温度的变化而喜怒无常。这些郊区居民真的要种植草坪吗？

圣弗朗西斯：显然不是，主。一旦草长高了一点，他们就要把它割掉……有时一周会割两次。

上帝：他们竟然会把它割掉？然后像干草一样打包吗？

圣弗朗西斯：不完全是，主。大多数人把它耙起来，装在袋子里。

上帝：打包装袋了？为什么？这些草是经济作物吗？这些人要出售这些草吗？

圣弗朗西斯：不，主，正好相反。他们会付钱把它扔掉。

上帝：请先让我搞清楚……他们给草施肥以促使其生长，当草长高时，他们将其割下，然后付钱把它扔掉？

圣弗朗西斯：是的，主。

上帝：夏天，当我减少降水量并提高室外温度时，这些郊区居民一定会感到如释重负，因为这肯定会减缓草的生长速度，节省了他们很多劳动。

圣弗朗西斯：主，你不会相信的，当草的生长速度大幅降低时，他们会拖出水管，花更多的钱给它浇水，这样他们就又可以继续割草，然后再花钱扔掉它们。

上帝：胡说八道！至少他们保留了一些树木。如果非让我来评论的话，那真是天才之举。树木在春天长出叶子，在夏天提供美观和阴凉。在秋天，它们的叶子落到地上，形成一个天然地毯，维持土壤中的水分，进而保护了树木和灌木丛。另外，当它们腐烂时，叶子会转变成肥料以增强土壤的养分。这是生命的自然循环。

圣弗朗西斯：主啊，您最好先别激动。一旦树叶落下来，郊区居民就会把它们耙成一大堆，然后花钱请人把它们拖走。

上帝：不可能！那么在冬季这些居民靠什么维持土壤的水分和疏松，从而保护灌木和树根？

圣弗朗西斯：处理掉落叶后，他们会购买覆盖物，把它们运回家，代替树叶铺在树下。

上帝：他们从哪里得到的覆盖物？

圣弗朗西斯：他们砍伐树木，然后把它们磨碎制成覆盖物。

上帝：够了！我不想再考虑这件事情了。圣凯瑟琳，你负责掌管艺术，今晚你为我们安排了什么电影？

圣凯瑟琳：《阿呆与阿瓜》，主。这是一部非常愚蠢的电影，关于……

上帝：没关系，就当我没说，我想我刚从圣弗朗西斯那里听到了整个故事！

第 11 章

选址

房地产中最重要的三件事是选址、选址，还是选址。"为了我们的心灵"这一部分的最后一章阐述了住宅的最重要属性。住宅的选址会影响你每天上班或上学的通勤、买菜的地点、购物模式、朋友和邻居，以及文化活动。

关于我们家，我最喜欢的一点是它的位置，它靠近许多社区资源，街对面是一个湖和社区公园，与数英里长的自行车道和跑步道相连，可方便快捷地到达市中心。当我们最初决定不再过高密度的公寓生活并想要一栋独栋房屋的时候，我们去了郊区，在那里可以用相同的钱买到更多的土地和更大的房屋，但很快我们就意识到这里与我们的生活方式不相符，幸运的是我们找到了离市区更近的房屋。虽然选址对我们的健康或财富没有直接影响，但它对心灵却具有巨大的影响，可能是积极的，也可能是消极的。

选址恰好也是LEED住宅评价体系中第一类得分项之一，因为建筑开发可以促进对环境负责的土地使用模式；相反，它也可能损害邻里关系。试图获得LEED与选址有关的10分可能很棘手，因为位置的选择因人而异，并且基于购房市场的可获得性和可承受性，大多数因素不受个人控制。我们选择房屋位置时不知道LEED的标准。当我阅读了以下5个与选址相关的得分项时，它们都启发了我，让我意识到地点选择对生态足迹有多大的影响。

有关选址的前三个部分：场地选择、首选地点和基础设施，只是为鼓励人们在更适合居住的土地上开发住宅。只要满足下列中的任何一条，我们就不应该在这个地点建造房屋：

- 海拔位于或低于美国联邦紧急事务管理局（FEMA）定义的100年洪泛区的土地（我们的地点不是，尽管有时我会怀疑）
- 被指定为联邦或州受威胁或濒危物种栖息地的土地（我们的地点不是）
- 在任何水域（包括湿地）100英尺（约30.5米）以内的土地（我们的地点刚好不在）
- 在被征用前，土地为公共公园绿地，除非通过公共土地交易获得（我们的土地绝对不是）
- 由美国国家自然资源保护署（Natural Resources Conservation Service）开展的土壤调查[①]确定的包含"优质土壤""特有土壤"或"国家重要土壤"的土地（我们之前对此并不了解，但幸运的是，我们的土地不是）。

我们要在哪里开发住宅呢？LEED鼓励在现有社区附近或社区内建设住宅。这么做的原因是，如果我们在以前开发过的场地上或附近建设，而不是农田、湿地等，对环境的影响较小。偏远地区的新开发项目需要大量扩建基础设施和社区服务，通常迫使居民只能依靠汽车满足所有的交通需求。[②]因为你不能步行或骑自行车去其他地方，所以这对环境、邻里关系以及你的健康都是有害的。因此，LEED授予"边缘式开发"1分，即在已开发土地的边缘建设新宅；"填充式开发"2分——要求住宅的占地边界至少有75%毗邻先前开发的土地；还有1分授予在以前开发的土地上进行建设[③]的业主（我们是这样做的）。如果你选择的场地距离现有的供水和排水管道不到半英里（约0.8公里），你甚至可以再获得1分，因为那些已经拥有公用设施和道路的地点，既能减少对环境的影响，也能减少扩建基础设施的经济成本。

因此，对环境产生的有害影响最小的最佳策略是在之前开发的填充场地上新建住宅。这种场地可能很难找到并且价格也很贵，所以获得这些LEED得分的成本当然会更高。但是选址会影响一切。建筑商和开发商需要理解这个概念的重要性，因为地点的选择可能会侵占栖息地走廊、开放的休闲空间和野生动植物保护区。许多近郊和远郊的开发行为忽略了这

---

① *LEED Reference Guide for Homes*, 55.
② *LEED Reference Guide for Homes*, 60.
③ *LEED Reference Guide for Homes*, 59.

些，而我们正为此付出代价：对远郊土地的开发是土地和栖息地丧失的主要原因之一。[1]

选址的另一个主要组成部分是便利程度，包括使用社区资源、公共交通和开放空间的便利。为什么？因为这些便利意味着自驾需求的减少，意味着更少的污染，我们甚至可以有更多的机会锻炼身体，过上更健康的生活。我们住在一条小街的对面，沿着小径可以步行或骑自行车到一家药房、一个杂货店、几家餐厅、一个急诊诊所、一家干洗店和一处健身设施。如果居住在距离4种基础社区资源1/4英里（约0.4公里）的范围内，或距离7种基础社区资源的0.5英里（约0.8公里）范围内，或居住在距离能每周提供30次或以上的公共交通服务（包括公共汽车、铁路和轮渡）的站点0.5英里范围内，LEED会授予业主不同的得分。

"基础社区资源"包括：艺术和娱乐中心、银行、社区或市民中心、便利店、日托中心、消防局、健身房、洗衣房或干洗店、图书馆、医疗或牙科诊所、药房、警察局、邮局、礼拜场所、餐厅、学校、超市、其他零售服务或主要就业中心。我数了一下，我们附近有16个基础社区资源，但我不得不在谷歌地图上折腾了一阵子，看看我们是否满足0.5英里范围内的距离要求。我发现这些基础社区资源都不在0.5英里范围内，但都在1英里（约1.6公里）范围内。对我来说，它们的距离足够近，可以步行达到，但达不到获得LEED得分的标准。LEED这项标准似乎有些武断。唉！就算可以很方便地使用社区资源，我们也只能得0分。

为了能够方便搭乘公共交通，我必须统计出离家0.5英里内有多少个公交车站（我们家附近没有火车，也没有渡轮），并计算出每个工作日的平均乘车次数。在我们家0.5英里内有两条地铁线路，在高峰时段每15~20分钟来一趟车，非高峰时段每30分钟一趟。根据我的计算，我家附近的过境车次总

我们购入的土地上原先的房屋

① Michale Glennon and Heidi Krester, "Impacts to Wildlife from Low Density, Exurban Development," Adirondack Communities & Conservation Program, Technical Paper No. 3, October 2005, viii.

数是192，这足以让我们有资格达到"杰出社区资源"标准并获得LEED得分的3分。

最后，与开放空间相邻也能获得LEED得分，只要我们位于一个公众可使用的或基于社区的开放空间0.5英里范围内，该开放空间至少有0.75英亩（约0.3公顷）的面积，地面上的植被主要由草、灌木和树木组成。这包括公园、游乐区和池塘（如果它们毗邻步行道或自行车道）。这无疑是我家最大的优点，并不是因为它节能、节水、健康、新颖以及拥有一个很酷的设计，而是因为我们能够住在一个公园、一座湖，以及一条步行道和自行车道的街对面，步行道和自行车道可以将我们带到城市、河流或者郊区。诚然，我们很幸运能生活在明尼阿波利斯这样的城市，该城市拥有美国最好的公园系统之一，最近被《自行车》（*Bicycling*）杂志评为自行车第一大城市。

对我来说，选址成功的好处是显而易见的。我们喜欢在室外游玩。《LEED住宅参考指南》明确说明了它为何如此重要：公共绿地能促进户外活动和休闲，提供修身养性的环境、社区聚会场所以及环保教育空间。开放的空间还能促进户外活动，从而改善健康状况。[1]这是否意味着LEED认可那些对我们心灵有益的事情？

因此，由于我家的出色选址，我们获得了满分10分，超过了我们需要达到LEED金级住宅所需总分的11%。我们为这些分数支付了更多费用吗？不，开支没有增加。无论我们是否通过LEED认证，我们都会选择住在这个地点。但是，购买紧邻交通和社区资源、靠近公园和步道的已开发的土地，成本通常更高。所以我们确实花费了更多的钱，但是带来的好处是无法用金钱衡量的。

---

① *LEED Reference Guide for Homes*, 76.

后 记

建造一个可持续的家园

第 12 章

我们做过的最糟糕的绿色决策

这可能是你最先翻到的一章，因为每个人都喜欢听我们是如何以及在哪里搞砸的。我不怪你，因为失败是我们学习的方式，我欣然承认失败。世上没有完美的房屋，生活在不断发展，你无法预见你家将如何满足所有需求。我们当初不得不做出大量决策，以至于事后不可避免地发现，如果再尝试一次，我们会采取一些不同的做法。有三个不理想的决策值得一提：其中两个决策是试图提高房屋的可持续性，但未达到预期效果；另一个决策是房屋达到了预期效果，却一点儿都不绿色。

灌溉井

如果你已经读过前几章，就会知道我们的场地非常潮湿。房屋下方的地下有水流动，排水泵总是在运转，因此我们不得不在自家下方打一些桩子支撑房屋以防止下沉。当我们考虑用蓄水池收集雨水时，发现无论从经济上还是实践上都没有意义，因为这样一来不得不在潮湿的地面上放置更多的桩子支撑蓄水池。既然我们的房屋下方已经有充足的水，为了节省灌溉用水和开支，符合逻辑的结论是钻一口井，再安装一台小型水泵。

从成本/收益的角度来看，达成这个决策并不是轻而易举的事情：打井和安装水泵将花费6500美元，假设每年预计节省500美元的水费，可以得出投资回报周期大约为13年。我认为我家会在这座房屋里住很久，因此如果用房屋下方流过的水，而不是城市提供的饮用水浇灌植物，可以减轻我的内疚。吉姆一直不支持我的这个决策，但我没有让步。我争辩道，"如果水价上涨，不需要13年那么久就会产生回报！"

即使在干燥的日子里，我们的场地上也有积水

　　我没有意识到的一个问题是井水中含有铁，一旦铁暴露于氧气中，在它接触过的每个表面上都会留下红褐色的污渍，这将会是一个问题，因为洒水器喷出的水会打湿我们的房屋、露台和私人车道的边缘，尤其是在大风天气。灌溉服务供应商告诉我们，我家需要一种Rid O' Rust的东西作为井水的添加剂来阻止锈迹生成。Rid O' Rust系统由一个30加仑（约114升）的水箱组成，放置于我们的机房中，系统运行时，水箱将通过管道连接到灌溉系统。只需一次性支付1800美元来购买Rid O' Rust系统和水泵，我们的问题就得以解决了。但这笔额外费用又让投资回报周期延长了3年半！

　　然而，我想知道Rid O' Rust具体是什么？它有毒吗？它由草酸制成，不易燃，是一种危险物（腐蚀性毒物）。[1]因此这似乎不是很好，但建筑商向我们保证，我们将永远不会与之直接接触，因为它一旦与水混合，就会被稀释到不会造成任何伤害的程度。这听起来很合理，所以我们支付了额外的费用来安装这套系统。

　　当每年要支付10加仑（约38升）的Rid O' Rust添加剂和人工费用总

---

[1]　由Pro Products 有限责任公司提供的 Rid O' Rust的材料数据安全表详见http://www.ridorust.net/E_AmerHy_RidORust_PowderRustStainRemover.pdf.

计达345美元时，我开始不喜欢灌溉井这个"绿色"决定了，这一花费抵消了灌溉井节省的水费。如果预计每年能节省500美元的水费，那我们实际上只节省了155美元。这让收益状况看起来更加糟糕，使投资回收期达到了53年之久（我没有把这个告诉吉姆，但如果他读了这本书，就会知道了）。

还有一个问题：灌溉系统在半夜启动时（夜间灌溉的方式更好，因为白天水的蒸发速度更快），会发出巨大的滴答声，可能吵醒住在我们家的客人。由于不经常有客人住在我们家，所以这个缺点可以忍受。

鉴于Rid O' Rust的水箱位于机房中，我们没有养成检查水位的做法。一次，Rid O' Rust用光了，结果我家的混凝土路面和露台家具都变成了红棕色。我们不得不使用Rid O' Rust系列的另一个产品来清除污渍（这一过程实施起来很困难，而且不能做到完全清除）。吉姆对灌溉井越来越没有耐心，我也不得不同意他的看法。这个决策完全没有带来经济上的好处，操作也不便，它制造了更多的麻烦和问题，甚至也没有为我们获得任何LEED得分！使用了3年后，我们停用了灌溉泵，取而代之的是质量好价格又便宜的城市供水。

灌溉井对我们有什么经济上的影响吗？我分析了采用城市供水灌溉前后的用水量。之前500美元的预估水费实际上低估了50%；我们每年实际要支付750美元的灌溉费（搞清楚这项花费不是一件容易的事，有其他业主能算清楚自己为灌溉花了多少钱吗）。与使用井水灌溉相比，我们现在每年在城市用水上多花了405美元。现在终于搞清楚真正的经济状况了：如果我们仍然使用这口水井，假设每年有405美元的水费节省，投资回报周期将是20年，但这么做似乎无法抵消井水带来的麻烦。尽管不再使用的水井还在院子里（它在花草树木中看起来很孤单），但我们很高兴停用了它。不过如果某一天世界末日来临，它可能会派上用场，只需要用RO/DI系统过滤井水就可饮用。

与水井配套的灌溉水泵

原生草

我为"原生草"感到兴奋，认为种植本土的野花和草将成为我们景观的亮点。我曾见过美丽的白色雏菊和黄色金鸡菊在高高的草丛中波浪般起伏的照片，给人一种乡村田园般的感觉。与草坪相比，原生草是一个非常可持续的选择。它不需要灌溉（节约用水），也不需要割草（减少空气和噪声污染），在某种程度上是让土地回归本来面目的做法（回归天然状态）。最重要的优点是无需给这一区域施肥，从而减少了流入湖泊和河流的化学药品。野花还能吸引鸟类、蜜蜂和蝴蝶，这些都是我们生态系统中必不可少的野生动物。景观设计师给我们看了一些建成的种植原生草的花园照片，我们被打动了。"原生草"的概念很时尚，仿佛让事物都回到了本来的模样。

原生草看起来不太好

景观设计师告诉我们，它生长的前几年看起来不会很好，需要耐心等待它"自我完善"。尽管我们没有刻意引入入侵植物，但整个夏天我花了很长时间清除它们：蒲公英、蓟、外观类似草坪草一样的杂草和四叶草（这些都是在街对面的公园里自由而大量生长的植物）。第一年，原生草看起来很可怕。我不想使用杀虫剂，所以自己动手除草。庭院的这部分本应该只需"少量维护"，实际上却不是。雏菊是原生草中唯一好看的植物，但它的花期短。第二年，情况开始好转，但仍需经常除草。

第二个夏天快要结束时，我家外出去野营，最后我以浑身长满疱疹的样子回到了家，所以那段时间我中断了给庭院除草。几周后，我们收到了明尼阿波利斯市的来信。那是一张传票，通知我们违反了一项城市条例，该条例要求所有草的高度必须小于8英寸（约20.3厘米）。显然，过高的草令人讨厌，并且证明了业主在房屋维护方面的玩忽职守。我们每周都会修剪一次房屋前方的一块漂亮小草坪，所以并没有玩忽职守。当我给市政府打电话抗议这张传票，并告诉他们我们对待原生草是多么公正时，我得到了一个标准回复："女士，我们不能把你和其他人区别对待，你违反了必须遵守的城市条例。"如果我家在接下来的两周内不割掉所有的草，这座城市不仅会对我们处以几百美元的罚款，还会雇人割掉所有的草，并寄账单给我们。我们一直照料（并投入很多钱）的所有植物——金鸡菊、紫苑、蓝福禄考和野生天竺葵——都会被当场除掉。

雏菊花期短但很好看

我家的原生草长得最好看的时候

　　在生气了几周之后，我发现自己其实能理解市政府的说法：一处长满野草的眼中钉。传票给了我们一次改变庭院景观的机会，促使它能更好地发展。此外，我得出了自己的结论：除非你有大面积的土地（因为在狭小的空间里会看起来很奇怪），否则不要尝试复制原生草，因为你不仅要花费大量时间区分原生草和入侵杂草，还要拔除后者。而且每天都要重复这项工作。

　　为了解决这个问题，首先我们必须除掉所有的原生草，因为杂草与它们混杂在一起（我们最后还是保留了一些开花植物），这令人感到难过。不过，我们现在栽种了各式各样的野花，它们取代了原来所有的杂草和原生草，如此一来确实看起来好多了。我们在金钟柏的一侧栽种了一些荆芥

（猫薄荷），荆芥是非常耐寒的、美丽的紫色开花植物。这么做是一个巨大的改进，景色胜过原来杂七杂八的草坪。这些经历虽然让我们吸取了教训，但也让我们付出了非常昂贵的代价！

　　现在回顾来看，我不知道为什么当初会如此痴迷明尼阿波利斯市小径旁冒出的原生草。如果仔细想想，几乎没有什么东西在真正意义上是原生的，因为事物总是在适应和进化，我们自己也不是这个土地上的原住民，我们难道不想要适应性和韧性更强的植物吗？正如弗雷德里克·里奇（Frederic Rich）雄辩地解释道："园丁并不是在寻找过去某个假想的生态系统是否完全是原生的、自然的，而是只关心这些混合栽种的植物是否健康、可持续、有韧性。"[1]

枯萎的原生草

荆芥（猫薄荷）生长在金钟柏面向街道的一侧（与之前都是杂草的情况相比是个巨大的改进）

融雪

　　我已经讨论过了吉姆和我产生分歧的一些领域，例如采用低流量淋浴喷头。当初我希望能够拥有这些喷头，但没能成功说服吉姆，因此吃了个小败仗。我最大的败仗是前门入口通道处的融雪系统。所谓融雪系统，并不是指那些你可以从家得宝连锁店购买，并作为除冰剂散布在车道上的那些水晶片或颗粒。我指的是那种能够利用热能从地下融化冰雪的系统。"我们不能给室外加热！"我大喊道。

---

① Frederic Rich, *Getting to Green: Saving Nature: A Bipartisan Solution*（New York: W.W. Norton, 2016），176.

我们房屋的前门朝北，没有阳光，在冬季（11月至4月）会结一层危险的冰。要把它铲掉非常困难。甚至连建筑商都认为应该给该区域添加融雪功能（但他们也会为此获得更多收入）。实际上我们并不经常使用它，当我们使用它时，确实可以改善前部入口通道的状况，避免了包括我的孩子、父母、邮递员等人的滑倒。安装费用并不多，因为我们已经在相邻的空间中安装了地暖。由于不经常使用它，因此不会产生很多的电费（尽管我不知道具体有多少），这么看的话，安装融雪系统可能是值得的。但是，当我看到开关上的"打开"按钮时，我仍然有些畏缩，因为这几乎违背了"绿色"的定义。

正在安装能够给室外加热的装置

通过以上这些案例，我了解到设计和建造一个可持续发展的家园需要业主投入大量的精力和努力。但是一旦做到这一点，家庭中的生活方式将持续改变我们的健康、财富和心灵。

第 13 章
底线

当谈论建设可持续的住宅、企业、学校等各种建筑的时候，我得到的反驳总是：你说的没错，但是这样做的成本太高！这是许多从事绿色建筑的人都在努力消除的一个误解（还有"业主必须牺牲舒适和美观"，或"绿色是一种政治声明"这类谬论，但事实并非如此）。

为了消除这些误解，这一简短章节将建造可持续的家园的优先事项归为三类底线：（1）无额外成本；（2）有额外的前期成本，但有经济价值；（3）有额外的前期成本，但有健康价值。第一类不需要再解释。对于第二类，如果房屋申请了抵押贷款（大部分都会申请），则前期成本包含在本金和利息中，因此从长远来看，不仅能节省费用，而且从第一天开始就有助于你的现金流。对于第三类，在保持健康和预防疾病方面做出的努力，在业主的整体幸福感、生活质量以及经济方面都能产生回报。这些是所有住宅建设的首要决策，我认为也应该成为所有住宅建设的标准。请记住底线：这一决策不会增加未来的总成本。

无额外成本：

1. 指定低流量的用水器具：水龙头的流量为每分钟1.5加仑（约5.7升）或更小；淋浴喷头的流量为每分钟2.0加仑（约7.6升）或更小；双按冲水马桶，或马桶冲水流量为每次冲洗1.3加仑（约4.9升）或更小。这将为你节省大约20%的水费，而且你不会注意到水压的不同。

2. 指定不含挥发性有机化合物的装修材料（油漆、胶粘剂、密封剂），这些材料应具有环保标志（Ecologo）和"绿印章"认证。这样可以防止空气对你的健康有害，而且在质量上与传统产品没有区别。

3. 所有电器和电子产品应贴有"能源之星"标签。这些产品可以节省能源费用，而且在性能上与传统产品没有差异。

4．购买电器而不是燃气器具。这样可以减少在家里燃烧化石燃料的机会，这对你的肺部更健康，而且随着电网提供的电力越来越清洁，你将为国家经济在清洁能源的转型方面做出贡献。

5．指定一个垃圾分包商来回收建筑废弃物并报告转移率。这有助于促进循环经济的发展并减少填埋场的垃圾。

6．指定本地生产、可回收成分高的干式墙和混凝土。这样可以减少制造这些材料可能会消耗的能量，它们同样在质量上与传统产品没有区别。

7．对于景观，要限制草坪的数量，并引进耐旱植物。这些植物通过减少修剪、施肥、灌溉的频率，节省了水和能源的消耗（以及金钱），这些植物也会吸引传粉昆虫（根据实现方式的不同，可能会也可能不会增加成本）。

8．对于项目规划，要邀请所有建筑师、建筑商和分包商参加项目启动会议，以讨论项目的目标和耐久性风险。这样可以节省工期，并防止因沟通错误而在工程后期产生代价高昂的变更。

有额外的前期成本，但有经济价值

1．购买或将灯泡更换为LED灯。这些都是最容易产生回报的投资类型，回报期通常不到1年。你数年内都无需更换它们，从而节省了时间，减少了麻烦和降低了更换成本。

2．为所有的外墙和屋顶指定闭孔喷涂泡沫保温材料。它有助于提高房屋的结构完整性，并且也是应对寒冷气候的最佳保温材料。它可以为你节省约20%的能源费用。

3．如果可能的话，请指定三层玻璃窗，其中一层是低辐射镀膜玻璃。窗户成本只会略微增加（我们的成本额外增加了8%），但窗户的保温效果会更好（我们的窗户保温效果提高了25%）。这将减少能源费用，并使房屋更舒适，因为它让室内更安静，更不会漏风。

4．购买你能找到的能效最高的暖通空调系统和热水器。这两种家电占家庭能耗的50%以上，因此它们可以为你节省一大笔费用。做好预防性维护还可以减少维修和更换成本。

5．假设你完成了第1～4项，然后再去考虑为屋顶安装太阳能（光伏）发电系统。太阳能发电系统将一直生产永久免费的电力供你使用，从而节省电费并增加房屋的价值。

有额外的前期成本，但有健康价值

1．过滤家用水。最好全部过滤，因为你需要用它洗澡和洗衣服，如果不能全部过滤，可以用反渗透去离子净水器只过滤饮用水（成本为1000~5000美元，外加每年需要更换滤芯的费用）。

2．通风和过滤空气（建筑规范强制要求，因此无需增加成本）。最好至少使用MERV 11级别的过滤器（每年有额外的10~30美元的成本，具体取决于滤芯的数量和更换频率）。

3．指定不会释放甲醛的材料（橱柜、地板、台面、地板）。指定未添加脲甲醛或符合《有毒物质控制法》第6章（实际成本可能不会增加更多）的材料。

4．测试氡气（40美元）的含量，并在浓度高于建议水平时采取措施减轻氡气含量（费用为1500美元）。

5．（如果有可能的话）选择住在一个离工作、学校、活动等场所近的地方，这样你就可以有时间出去享受大自然了。可能会增加房屋成本，但是房屋转售价值也应该会增加。

《LEED住宅参考指南》中最好和最差的三件事

最差的

1．经历了所有的程序和验证过程之后的感觉是痛苦的；对于普通业主来说，要理解LEED不算容易，按它的要求设计房屋也不容易（但是当地的LEED住宅供应商可以提供帮助）。

2．美国绿色建筑委员会要求的LEED注册和认证费用高达数千美元，目前尚不清楚在市场上转售LEED认证过的房屋时，买方是否会支付这笔费用。

3．《LEED住宅参考指南》并没有教你房屋通过认证后所需的正确生活方式，LEED房屋的操作和维护难度超出了业主受过的教育（《LEED既有建筑参考指南》是一种不同的评级体系，它确实解决了这个问题，但它针对的是商业建筑，而非住宅）。

最好的

1．要进行LEED认证，需要邀请独立的绿色评估员，以确保房屋的建设和密封达到应有的水平，这是对房屋质量的有力保证。

2．LEED认证提供了框架、策略和指标，告知业主如何以及为什么要建造高性能的绿色建筑。

3．一言以蔽之，LEED认证表明你的房屋经过设计、建设和第三方验证后变得更加可持续，也意味着绿色建筑是货真价实的，而不是自欺欺人的表面功夫。

第 14 章

超越LEED的伟大设想

实现基于治愈未来的经济模式与实现基于透支未来的经济模式一样简单。

——保罗·霍肯（Paul Hawken），《缩减：有史以来提出的最全面的逆转全球变暖计划》（*Drawdown：The Most Comprehensive Plan Ever Proposed to Reverse Global Warming*）

本书中谈到的关于建造一个更加可持续的家园的所有内容都比建造传统家园的选择更好，也是你迈向省钱、改善健康并滋养心灵的生活方式的重要一步。LEED评价体系所信奉的绿色建筑原则无疑是对标准建设实践的改进。即使建筑法规变得更加严格，LEED也在与时俱进。

认证项目很有用，因为它们需要房屋满足某些特定的性能标准，然后由第三方进行验证。未经验证，就好比是说："是的，我上大学了。我旁听了所有课程，并取得了很好的成绩，我只是不想支付证明我拥有大学学位的那张纸的费用。但是我完成了同样的课程学习，我受过同样的教育。"真是这么回事吗？建筑师和建造商经常反对LEED认证，因为他们声称已经按照LEED的标准进行了设计。作为一名曾对总计超过200万平方英尺（约1860万平方米）的建筑面积进行过LEED认证的人，我可以告诉你，事实根本不是这样的。那些说你只是在为一张认证证书付钱的评论家并不了解LEED。

随着LEED认证房屋的增加，LEED标准之外的其他建筑认证的数量也在增加。被动房（Passive House）认证只有一个侧重点，它只在一个领域超越了LEED认证，即能源使用。LEED认证过的建筑，其能源效率提高了约25%。按被动房研究所（Passive House Institute）在2015年发布的标准设计的建筑，与符合建筑规范的建筑相比，其采暖能耗减少了86%，制冷能耗减少了46%（取决于所处气候区和建筑物类型），房屋成本通常要增加5%到10%。[①]世界上有超过4200栋建筑通过了被动房认证，但在美国只有90栋。[②]被动房的设计理念基于建筑科学原理，与"能源"这一章的前4部分以及LEED规定的减少能源需求的方法不谋而合，即房屋朝向、保温、窗户和空气渗透。

家住明尼阿波利斯市的凯瑟琳·约翰逊（Kathryn Johnson）正在建设即将获得被动房认证的家园。我在午餐时与她会面，以了解更多关于她这样做的原因。她的父母是热爱回归田园生活方式的人，他们会自己种植食物并装罐。家族的德国传统使她继承了对效率的热爱。她和丈夫一直想建造一栋被动房并在其中生活。为什么他们会追求这种生活方式呢？"当能源快速消耗时，你会开始思考自己的生活方式，你会认真思考建设房屋的合适方法。我们想摆脱能源效率低的困境，并不是说想做到未雨绸缪，而是我们不想让生活压力过大，也有一部分原因是想知道自己的大部分开支都用在哪里了，可预测性令人心驰神往。"

他们房屋的净能耗可能为零（这意味着，房屋仅消耗很少的能量，而且所消耗的能量是由现场的可再生能源提供的），但这并不是他们的首要目标。他们的首要目标是实现能源独立，即不必依赖电网供电。他们的家里完全没有天然气，她说使用天然气太危险了。将被动房的设计原理与使用地源热泵、电子器具和太阳能电池板的理念相结合，即可实现他们的目标。她补充道："这就是我们可以有所作为的一个家园。我们无法在更广阔的世界中有所作为，我不能阻止一场战争，我不能改变气候，但我可以建设一个零能耗的家园来树立榜样。"[③]

另一个建筑认证体系"生态建筑挑战"（Living Building Challenge）认证在每个领域都超越了LEED。该认证于2006年发布，为国际未来生活研究所（International Living Future Institute）拥有和管理，它是一个提供了三条途径的架构与认证体系，包括生活（Living）、花瓣（Petal）和（比被动房还要严格的）零能耗（Zero Energy），对于住宅或非住宅建筑都适用。作为最严格的绿色建筑认证体系，"生态建筑挑战"认证将它对建筑

---

① 参见http://www.phinus.org/home-page and http://www.phinus.org/what-is-passive-building/passive-house-faqs.

② Passivehouse-database.org, accessed November 6, 2017.

③ 凯瑟琳·约翰逊于2017年9月22日在Birchwood咖啡馆接受了我的采访。想了解更多的信息，请参见她的博客www.sweetpassivehouse.wordpress.com。

环境的理想可视化。生活（Living）认证可帮助我们创建一个家园：它可再生，能自给自足，自身生成的能源多于其消耗的能源，并能在现场收集和处理所有的水。它的美妙之处在于，它是基于连续12个月的房屋实际性能数据，而不是基于设计或预测的性能数据，但这也是该认证具有挑战性的部分原因。获得该认证极为困难：截至2017年年底，只有73座建筑物通过了"生态建筑挑战"认证，并获得了证书。[1]

我有幸与居住在加利福尼亚州波托拉谷（Portola Valley）的风险投资家保罗·霍兰德（Paul Holland）进行了交谈，保罗·霍兰德和他的妻子琳达·耶茨（Linda Yates）共同建造了Tah Mah Lah[2]，该建筑被誉为美国最环保的住宅之一。他们这么做是出于对大自然的热爱以及对在外观和感觉上模拟绿色生活的渴望。他们拥有足够多的太阳能电池板为整栋住宅和电动汽车供电，它们的净能耗真的为零。该房屋由4种天然材料组成，这些材料为主要来自本地的、未涂漆、可回收利用或再生的木材、金属、玻璃和石材。住宅里没有石油产品，没有天然气，没有塑料。他告诉我，他们活得毫无罪恶感。他们获得LEED铂金级认证的住宅能够说明，我们可以在不牺牲舒适或美观的前提下进一步提高房屋的可持续性。

Tah Mah Lah使用太阳能电池板为房屋和电动汽车供电。
图片来源：Tahmahlah

---

① https://living-future.org/contact-us/faq/.

② www.tahmahlah.com.

《建造一个可持续的家园》实际上有两个含义：家园的设计和施工（本书的大部分内容），以及随着时间的推移不断努力改进家园（希望本书能够给你带来启发）。发展更加可持续的生活方式并非一朝一夕之事，这需要做很多工作。虽然我不会把获得LEED认证的住宅称为"可持续的家园"，但它的建设方向起码是正确的。被动房的建设方向也是正确的。

　　随着时间的流逝，建筑界的思想在不断发展，我的思想也在发展。10年前，当我们刚开始建造自己的房屋时，一切都是为了效率。我们选择了一个以天然气为动力的烘干机和一个效率非常高的备用燃气锅炉，我们当时认为已经做得很好了。不过，今天的我会放弃一些效率，转而使用清洁能源，这意味着将所有以天然气为动力的设备转换为电力驱动的设备。随着技术的发展、价格的下降以及电力越来越多地来自诸如风能和太阳能之类的清洁和可再生资源，我们可能会更加野心勃勃。我鼓励参与建设项目的每一个人，无论是住宅、办公楼还是学校，都要志存高远。如果净能耗为零的目标现在还遥不可及，那就为这一天的到来做好准备。当涉及家具的购置和摆放时，要有意识地用可持续发展的眼光做选择。

　　当谈论可持续性时，我知道还没有解决围绕平等与正义的关键问题，我一点儿都不轻视这些问题。滥用能源是这些问题的根源。当我们滥用赖以生存的自然系统时，也就是在危害公共健康。因此我会优先考虑环境可持续性，因为如果没有环境可持续性，就没有清洁的空气、清洁的水和食物，我们就无法争取平等和正义。为了使经济在环境层面可持续发展，我们必须朝着三个目标努力，即BHAG（Big，Hairy，Audacious Goals；即宏伟、艰难和大胆的目标）：

　　目标1：100%的能源都由可再生能源提供。首先，我们需要减少对能源的浪费，并实施已被他人证明是成功的节能技术和做法。对于我们必需的能源，需要从天然气、汽油和煤炭转向电力，比如电动住宅、电动汽车、电动工厂。其次，我们可以继续清洁电网的工作，使用非化石燃料为其供电，例如太阳能、风能和水力发电。

　　目标2：确保对人体健康构成威胁的有毒化学物质，向空气、水或土地中的排放量为零。[①]这一定义来自美国环境保护局推出的有毒物质排放清单（Toxic Release Inventory）项目，主要针对工业排放。

---

① 请参见www.epa.gov/tri/NationalAnalysis。2015年，由于采取了更好的再利用、能源回收和处理等废弃物管理手段，有毒物质排放清单中的工业设施（不包括金属矿山）管理的近260亿磅（约1.2千万吨）化学废弃物中，约有92%没有释放到环境中。

目标3：垃圾100%被回收或被制成堆肥。美国目前的垃圾转移率仅为35%，因此我们还有很长的路要走。养成从产品的整个生命周期的角度来思考的方式，可以使我们走上循环经济的道路，在循环经济中，一个行业的产出会是另一行业的投入。如果我们开始更加关注产品的设计和生产方式，争取实现从摇篮到摇篮[①]，而不是从摇篮到坟墓，我们自身会变得更像大自然，大自然的循环里没有所谓的垃圾。

这三个目标涵盖了所有行业。尽管我专注于住宅和建筑业，但食品、服装和交通运输业也在努力提高可持续性，至少有些企业如此，因为他们发现这是在经济上实现可持续的唯一途径。作为消费者，我们可以有意识地做出选择。作为个人，我们拥有的力量是用钱包投票，支持那些更具可持续性的企业。基于自由市场的经济体系给了我们这种力量，因此所有人都可以利用这种力量做出有意义的改变。

建造一个可持续的家园是我们这个社会迈向更加可持续的未来的方式之一。我们有技术，有知识，我相信我们可以做到。毫无疑问，发展和形成可持续发展的经济是我们这个时代的伟大设想。

图片来源：Karen Melvin

---

① William McDonough and Michael Branugart, *Cradle to Cradle: Remaking the Way We Make Things* (New York: North Point Press, 2002).

LEED检查表

LEED住宅评价体系简化项目检查表，2008年版				
创新与设计过程（ID）	（无最低积分限制）		最高得分	我们的得分
	1.1　初步评价		先决条件	达成
	1.2　综合项目团队		1	1
1.　综合项目规划	1.3　具有LEED住宅评价体系认证的专业证书		1	0
	1.4　设计研讨会		1	0
	1.5　符合太阳能设计的建筑物朝向		1	0
	2.1　耐久性规划		先决条件	达成
2.　耐久性管理过程	2.2　耐久性管理		先决条件	达成
	2.3　第三方的耐久性管理认证		3	3
	3.1　可作为榜样的模范性能WE2.1		1	1
	3.2　模范性能WE2.1		1	1
3.　创新或区域设计	3.3　建筑物性能伙伴关系		1	1
	3.4　可作为榜样的模范性能EA9.2 ——"能源之星"洗衣机		1	1
		ID类别得分小计	11	8
选址与连接（LL）	（无最低积分限制）	或	最高得分	我们的得分
1.　LEED ND	1.　LEED社区开发	LL2-6	10	0
2.　选址	2.　选址		2	2
	3.1　边缘开发	LL3.2	1	0
3.　首选地点	3.2　空间填补		2	2
	3.3　已开发地区		1	1
4.　基础设施	4.　现有基础设施		1	1

LEED住宅评价体系简化项目检查表，2008年版

				最高得分	我们的得分
5. 社区资源/交通	5.1	基础社区资源/运输	LL 5.2, 5.3	1	0
	5.2	丰富的社区资源/运输	LL 5.3	2	0
	5.3	杰出的社区资源/运输		3	3
6. 接近开放空间	6.	接近开放空间		1	1
			LL类别得分小计	10	10

可持续场地（SS）	（最少需满足SS项中的5分）		或	最高得分	我们的得分
1. 场地管理	1.1	施工过程中的侵蚀控制		先决条件	达成
	1.2	场地受干扰区域最小化		1	0
2. 景观	2.1	无入侵植物		先决条件	达成
	2.2	基础的景观设计	SS 2.5	2	0
	2.3	限制常规草坪	SS 2.5	3	1
	2.4	耐旱植物	SS 2.5	2	2
	2.5	减少20%的总体灌溉需求		4	0
3. 局部的热岛效应	3.	减少局部的热岛效应		1	0
4. 地表水管理	4.1	可透水的地段		4	3
	4.2	永久侵蚀控制		1	1
	4.3	屋顶径流的管理		2	2
5. 无毒式害虫防治	5.	害虫防治的替代方法		2	2
6. 紧凑开发	6.1	中等密度	SS 6.2, 6.3	2	0
	6.2	高密度	SS 6.3	3	0
	6.3	超高密度		4	0
			SS类别得分小计	22	11

用水效率（WE）	（最少需满足WE项中的3分）		或	最高得分	我们的得分
1. 水资源再利用	1.1	雨水收集系统	WE 1.3	4	0
	1.2	中水回用系统	WE 1.3	1	0
	1.3	使用市政水循环系统		3	0
2. 灌溉系统	2.1	高效率灌溉系统	WE 2.3	3	3
	2.2	第三方检查	WE 2.3	1	1
	2.3	减少45%的总体灌溉需求		4	0
3. 室内用水	3.1	高效率的用书器具和配件		3	1
	3.2	极高效率的用水器具和配件		6	2
			WE类别得分小计	15	7

能源与大气（EA）	（无最低积分限制）		或	最高得分	我们的得分
1. 优化能源性能表现	1.1	住宅专用"能源之星"的性能表现		先决条件	达成
	1.2	出色的能源表现		34	25.5

LEED住宅评价体系简化项目检查表，2008年版

			最高得分	我们的得分
7. 室内用水加热	7.1 高效的热水分配		2	0
	7.2 管道保温		1	0
11. 住宅制冷剂管理	11.1 制冷剂充注试验		先决条件	达成
	11.2 合适的暖通空调制冷剂		1	1
	EA类别得分小计		38	26.5

材料与资源（MR）	（最少需满足MR项中的2分）	或	最高得分	我们的得分
1. 材料效率高的框架	1.1 框架订单的浪费因数限制	MR 1.5	先决条件	达成
	1.2 详细的框架文件	MR 1.5	1	1
	1.3 详细的切割清单和木材订单	MR 1.5	1	1
	1.4 框架效率		3	2.5
	1.5 非现场制作		4	0
2. 环保产品	2.1 森林管理委员会认证的热带木材		先决条件	达成
	2.2 环保产品		8	7
	3.1 建筑废弃物管理计划		先决条件	达成
	3.2 建筑废弃物减少措施		3	2
	MR类别得分小计		16	13.5

室内环境质量（EQ）	（最少需满足EQ项中的6分）	或	最高得分	我们的得分
1. "能源之星"室内空气套餐	1.1 "能源之星"室内空气套餐		13	0
2. 燃烧废气排放	2.1 燃烧废气排放的基础措施	EQ1	先决条件	达成
	2.2 燃烧废气排放的强化措施	EQ1	2	0
3. 湿度控制	3. 湿度控制负荷	EQ1	1	1
4. 室外空气通风	4.1 基础的室外通风	EQ1	先决条件	达成
	4.2 加强的室外通风		1	2
	4.3 第三方性能测试		1	1
5. 局部排气	5.1 基础的局部排气	EQ1	先决条件	达成
	5.2 加强的局部排气		1	1
	5.3 第三方性能测试		1	1
6. 空间供冷及供热分配	6.1 逐间负荷计算	EQ1	先决条件	达成
	6.2 回风量/逐间控制	EQ1	1	1
	6.3 第三方性能测试/多区域	EQ1	2	2
7. 空气过滤	7.1 性能高的过滤器	EQ1	先决条件	达成
	7.2 性能更高的过滤器	EQ7.3	1	0
	7.3 性能最高的过滤器		2	2

建造一个可持续的家园

LEED住宅评价体系简化项目检查表，2008年版

8. 污染物控制	8.1	建设过程中的室内污染物控制	EQ1	1	1
	8.2	室内污染物控制		2	1
	8.3	入住前通风	EQ1	1	1
9. 氡防护	9.1	高风险地区中的耐氡建设	EQ1	先决条件	达成
	9.2	中等风险地区中的耐氡建设	EQ1	1	0
10. 车库污染物防护	10.1	车库中无暖通空调	EQ1	先决条件	达成
	10.2	尽量减少车库中的污染物	EQ1, 10.4	2	2
	10.3	车库排气扇	EQ1, 10.4	1	0
	10.4	独立车库或无车库	EQ1	3	0
		EQ类别得分小计		21	16
意识和教育（AE）	**（无最低积分限制）**			**最高得分**	**我们的得分**
1. 业主或租户的教育	1.1	基础操作的培训		先决条件	达成
	1.2	高级培训		1	1
	1.3	公众意识		1	1
2. 房屋管理者的教育	2.	房屋管理者的教育		1	0
		AE类别得分小计		3	2
总计得分				**136**	**94**

调整后的认证门槛：

及格	61.5
银级	76.5
金级	91.5
铂金级	106.5

致谢

    撰写本书是一项长期工作。在过去的10年中，有太多的人需要感谢！首先，我要感谢我的出版经纪人迈克尔·克罗伊（Michael Croy）和天马出版社（Skyhorse Publishing）的编辑阿比盖尔·格林（Abigail Gehring），感谢他们在整个过程中对我的信任和鼓励。

    回到许多年前……我要感谢整个住宅的建设团队，马里尼·斯里瓦斯塔瓦（Malini Srivastava）是我们聘请的项目建筑师，出于对绿色建筑的共同兴趣，我很早以前就认识了她。她鼓励我们打电话给知名建筑设计师戴维·萨尔梅拉。与戴维和马里尼的合作是一种纯粹的快乐。建筑师与业主之间的关系非常亲密，我仍然很怀念2007～2008年与戴维的合作与交流，现在我们在家里每天都能感觉到他的存在。

    建筑商（Streeter & Associates）因其对细节的注重和质量的专注备受赞扬：马克·奥尔森（Mark Olson）和马克·贝克曼（Mark Backman）是我找到的两位最好的木工。凯文·斯崔特（Kevin Streeter）是一位知识渊博的专家；我们的项目经理本·邓拉普（Ben Dunlap）帮助我们走过房屋建设中的每一步，包括一些比较艰难的时刻。Coen+Partners公司的特拉维斯·范·里尔（Travis Van Liere）和斯蒂芬妮·格罗塔（Stephanie Grotta）在思考景观设计时能够深思熟虑并具有创造力。我还要感谢UMR地热公司的吉姆·库萨克（Jim Cusack）和Select Mechanical公司的杰森·加斯帕德（Jason Gaspard），他们传授了必不可少的暖通空调设计知识。

    如果没有LEED住宅供应商埃德·冯·托马（Ed Von Thoma）和Building Knowledge有限公司的帕特·奥·马利（Pat O'Malley），以及来自社区能源连接公司（Neighborhood Energy Connection）的绿色评估员吉米·斯帕克斯（他是一位知识渊博、敬业的专业人员），我们的住宅就不会通过LEED认证。

不是每个人都有机会建造一个家。建造或改建一个家是一项令人望而生畏的任务。我们之所以能够做到，必须感谢我的父母——苏珊（Susan）和加里·拉帕波特（Gary Rappaport），他们（两次）证明了建造新家的梦想是可以实现的。与他们生活在一起的那些年里，我见证了建造新家计划的产生、讨论和改变，并从我们一起生活的家中受益。他们向我灌输了卓越、勤奋的价值观，以及房屋设计和功能的重要性。

我很感谢我的姐姐拉比·黛布拉·拉帕波特（Rabbi Debra Rappaport），她在20世纪90年代推荐我阅读了保罗·霍肯的《商业生态》（*The Ecology of Commerce*），《商业生态》对我来说是一本入门书籍，也应该是商学院课程的必修课（而我当年的MBA课程并没有用到它）。在写本书的过程中，她充满支持性的话语鼓励我敢于发声："如果你有话要说，那就说出来吧！"

最后，我要感谢家人给予我无尽的支持和关爱。我永远感谢吉姆，他是我的生活伴侣，我们共同建造了一个家并生活在一起，我真的很幸运。对于我的两个漂亮女儿：我希望我从事的工作能改善你们的未来。我带着爱和感激，把这本书献给你们。

译后记

　　第一次见到《建造一个可持续的家园》这本书是在美国亚马逊网站上，碰巧当时选修的工程课程有个期末项目，我正打算在期末项目中做一些关于绿色建筑的内容，遂对它产生了浓厚的兴趣，于是想都没想就下单了。

　　本书最大的特色，是作者作为一名资深的绿色建筑咨询师，用建造自己LEED金级住宅的亲身经历，配以多彩的插图和亲民易懂的非专业语言，向读者传授其建造一栋绿色住宅的经验。因此读者在阅读中往往能够浮想联翩，仿佛亲身参与了一栋绿色住宅的建造。书中涉及的LEED绿色知识面面俱到，作者一一列举了在建造自己住宅时具体某一项做出了何种选择，该选择是否获得了LEED分数，在投资与日后的收益回报方面是否值得，以及最重要的，作为业主是否能单纯地从健康和美观的角度感到开心与值得。因此，作者从不要求读者尽可能地追求LEED的最高分，也就是铂金级别的住宅，而是优先考虑业主自身对满足健康、财富与心灵的追求。

　　传统建筑业的模式通常伴随着高能耗和高污染，国内建筑装修业在意识到这一点后，近几年也在倡导普及绿色建筑的理念，但鉴于起步时间晚，还有很多进步与实践的余地。于是，译者在2019年年初完成硕士学业，从美国回国工作后，向出版社推荐了本书，并承担了翻译一职，希望来自国外的经验能够为国内相关行业的从业者带来一定的启发；对绿色建筑感兴趣的读者，本书的实践经验无论对你的现在还是未来都会有所帮助，在建造、改建、装修你的住宅时，它一定会让你的观念发生积极的转变，并给家人的健康、费用的节省和心灵的满足带来深远的影响。